中国电子学会普及工作委员会指导

青少年机器人技术等级考试三、四级推

Arduino 开源硬件设计及编程

赵桐正　姚　亮　姜　月　张　欣　编著

北京航空航天大学出版社

内 容 简 介

本书介绍了使用 Arduino 进行创意电子项目开发的技巧和方法,具体内容包括 Arduino IDE、Mixly、Arduino UNO 主控板、图形化编程、C 语言编程、传感器、执行器、自律型机器人等。本书通过项目学习的方式进行介绍,内容由浅入深,有利于提高学生的逻辑思维能力和动手能力。

本书配套资料包括书中程序源码及相关资料,读者可以在微信公众号"智玩趣做"免费下载。

本书适用于青少年机器人技术等级考试(三、四级)的学习和培训,也可作为智能硬件爱好者的入门教程,以及中小学科技教育课程的教材,也可供 Arduino 的初学者和爱好者使用。

图书在版编目(CIP)数据

Arduino 开源硬件设计及编程 / 赵桐正等编著. --
北京 : 北京航空航天大学出版社,2021.3
ISBN 978 - 7 - 5124 - 3472 - 1

Ⅰ. ①A… Ⅱ. ①赵… Ⅲ. ①单片微型计算机—程序
设计 Ⅳ. ①TP368.1

中国版本图书馆 CIP 数据核字(2021)第 044759 号

Arduino 开源硬件设计及编程
赵桐正 姚 亮 姜 月 张 欣 编著
责任编辑 董立娟
*
北京航空航天大学出版社出版发行

北京市海淀区学院路 37 号(邮编 100191) http://www.buaapress.com.cn
发行部电话:(010)82317024 传真:(010)82328026
读者信箱: emsbook@buaacm.com.cn 邮购电话:(010)82316936
艺堂印刷(天津)有限公司印装 各地书店经销
*
开本:710×1 000 1/16 印张:7.75 字数:165 千字
2021 年 3 月第 1 版 2021 年 3 月第 1 次印刷 印数:2 000 册
ISBN 978 - 7 - 5124 - 3472 - 1 定价:39.80 元

前　　言

本书参考中国电子学会青少年机器人技术等级考试三、四级的内容，使用 Mixly 图形化编程语言（三级内容）和 C 语言（四级内容）进行项目开发，选取的硬件是 Arduino Uno 控制板及与之配套的拓展板。考虑到项目搭建的便利性和多样性，书中使用乐高型结构件及其兼容传感器、执行器作为项目开发的主要设备。

本书通过项目学习的方式进行介绍，内容由浅入深，有利于提高学生的逻辑思维能力和动手能力。

本书内容分为三个部分。

第一部分为"Arduino 基础知识"，主要介绍 Arduino 的背景知识、硬件构成和软件的安装使用，同时对电子电路的基础知识做了详细讲解。

第二部分为"Arduino 趣味项目"，通过趣味十足的小项目介绍了 Arduino 的硬件知识和编程方法，使用图形化与 C 语言编程结合的方式帮助读者更快掌握其中的技巧。

第三部分为"Arduino 机器人开发"，通过智能机器人的搭建、编程和调试，介绍更复杂的项目开发方法；结合智能机器人的"驱动""避障""跟随"和"寻迹"案例，介绍机器人自动控制和算法设计，进一步提高读者分析问题、解决问题的能力。

注意：本书写作时使用的是 Mixly 的最新版本 1.1.5，读者拿到本书时可能软件版本已经更新，但本书涉及的编程内容在 Mixly 中已经较为完善和成熟，所以更新内容基本不会涉及我们所学的部分。如果遇到重大更新会对书中内容有直接影响，则会在微信公众号"智玩趣做"中提供具体说明。

在本书编写的过程中，收到许多亲朋好友的宝贵意见，尤其是中国电子学会普及工作委员会杨晋副秘书长、米奥思科技的姚亮先生以及张欣、姜月等人的大力协助与支持，谨此向他们表示衷心的感激。

由于时间仓促，书中难免会有疏漏和错误之处，恳请各位专家和读者批评指正。

本书配套资料包含书中程序源码及相关学习资料,读者可以在微信公众号"智玩趣做"免费下载(登录公众号发送"arduino");如有疑问及勘误建议亦可在公众号留言。公众号二维码如下:

编　者

2021 年 2 月

目　　录

第 1 章　Arduino 基础知识

1.1　认识 Arduino

早在 2005 年的时候，就职于意大利北部伊芙蕾雅（Ivrea）互动设计学院的 Massimo Banzi 老师希望他的学生们可以在没有任何电子学的基础上进行互动艺术设计，因此，他和本校的访问学者、一位西班牙籍芯片工程师 David Cuartielles 讨论了这个问题。于是，两人决定设计自己的电路板。之后，Banzi 的学生 David Mellis 仅用两天时间就写出了程序代码。又过了三天，电路板就完工了。这就是最初的 Arduino 控制板。

Massimo Banzi 喜欢去一家名叫 di Re Arduino 的酒吧，该酒吧是以 1 000 年前意大利国王 Arduin 的名字命名的。为了纪念这个地方，他将这块电路板命名为 Arduino。

随后，Banzi、Cuartielles 和 Mellis 把设计图放到了网上。版权法可以监管开源软件，却很难用在硬件上，为了保持设计的开放源码理念，他们决定采用 Creative Commons（CC）的授权方式公开硬件设计图。在这样的授权下任何人都可以生产电路板的复制品，甚至还能重新设计和销售原设计的复制品。人们不需要支付任何费用，甚至不用取得 Arduino 团队的许可。然而，如果重新发布了引用设计，就必须声明原始 Arduino 团队的贡献。要修改电路板，则最新设计必须使用相同或类似 Creative Commons（CC）的授权方式，以保证新版本的 Arduino 电路板也一样是自由和开放的。唯一被保留的只有 Arduino 这个名字，它被注册成了商标，在没有官方授权的情况下不能使用它。

因为 Arduino 的开源性质，目前国内的许多厂商都可以生产 Arduino 控制板。这些板子和官方控制板的功能基本相同，只是不能使用 Arduino 字样，因为不需要支付额外的授权金，这些板子的价格都比较低廉，品质参差不齐。所以如果资金足够，建议购买带有 Arduino 字样的授权板，质量会得到保证。

1

Arduino 控制板包括许多型号,比如本书使用的板子型号 UNO,它价格适中但功能强大,完全支持我们课程的学习。除此之外,还有 Nano 板、Mega 板等。Arduino 官网中的各种板型如图 1.1.1 所示。

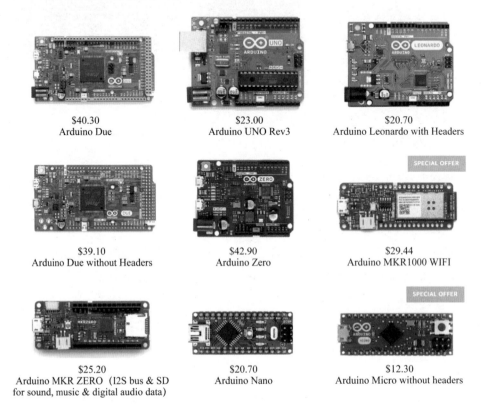

$40.30
Arduino Due

$23.00
Arduino UNO Rev3

$20.70
Arduino Leonardo with Headers

$39.10
Arduino Due without Headers

$42.90
Arduino Zero

$29.44
Arduino MKR1000 WIFI

$25.20
Arduino MKR ZERO (I2S bus & SD
for sound, music & digital audio data)

$20.70
Arduino Nano

$12.30
Arduino Micro without headers

图 1.1.1 Arduino 官网中的各种板型

1. Arduino UNO 控制板

(1) MCU Arduino UNO 控制板包括三大部分,分别是 MCU、电源接口和控制引脚

MCU 也叫微控制器(Microcontroller Unit),是 Arduino 控制板最核心的部分。Arduino UNO 控制板采用的是 Atmel 公司生产的 ATmega328P-PU 处理器,这种处理器是一种集成电路芯片(Integrated Circuit,简称 IC),如图 1.1.2 所示。

MCU 的功能有点像家用 PC 机的 CPU,大量的程序执行和逻辑运算都需要在 MCU 中完成。但 MCU 不仅仅有 CPU 的功能,它还包括程序数据存储以及外围控制等功能。就像把一台完整的计算机设备塞进一个单独的电路芯片中。因此,MCU 也被称作单片机(Single-Chip Microcomputer)。Arduino Uno 控制板 MCU 的技术参数如下:

> 处理器主频:16 MHz(5 V);
> 程序存储器(Flash):32 KB;
> 数据存储器(SDRAM):2 KB;
> 带电可擦可编程只读存储器(EEPROM):1 KB。

其中,程序存储器(Flash)相当于 PC 机的硬盘,Arduino 控制板的开机程序和编写的代码指令都存储在这部分;它具有非挥发性,也就是当 Arduino 断电时,数据依旧保存,下次上电开机数据依旧可以使用。

图 1.1.2　ATmega328P-PU 处理器

数据存储器(SDRAM)相当于 PC 机的内存,程序运行时用到的部分数据都暂时保存在这一部分;它具有挥发性,断电后所有保存的数据都会消失。

带电可擦可编程只读存储器(EEPROM,全称是 Electrically Erasable Programmable Read Only Memory)虽然叫只读存储器,但其实是可以保存数据的,相当于 PC 机的 U 盘。只不过它的容量特别小,只有 1 KB,适用于气象站这类需要存储数据且数据量并不大的项目。

(2) 电源接口

Arduino 的电源接口包括 4 种供电方式:

1) 通过 USB 直接供电

Arduino Uno 控制板使用的 USB 数据线一端为 Type-A 型插孔(扁平端),另一端为 Type-B 型插孔(类似大 D 端),可以通过连接 PC 等设备为控制板提供 5 V 的工作电压。

2) 通过 DC 电源接口供电

DC 电源接口可以输入 7～12 V 的电量给 Arduino 控制板。经过控制板上的稳压电路可以得到标准的 5 V 工作电压。

3）通过 5 V 引脚给主板供电

连接 5 V 引脚和 GND，并提供一个不大于 5 V 的电压，则可以为控制板提供工作电压。

4）通过拓展引脚中的 VIN 引脚供电

VIN 引脚和 DC 电源接口共用稳压电路，在这个接口上输入一个 7～12 V 的电源可以使控制板得到标准 5 V 工作电压。

（3）控制引脚

Arduino UNO 控制板的拓展引脚主要分为模拟信号引脚、数字信号引脚以及电源引脚，如图 1.1.3 所示。

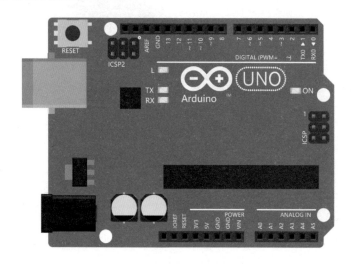

图 1.1.3　Arduino UNO 控制板

数字信号就是信号类型是离散的（非连续性），像大或小、开或关、高或低这类非此即彼的信号都可以用数字 0 或 1 来表示。控制这类信号时要用到数字引脚。

模拟信号往往是连续变化的，像温度、光照等信号就不能简单地用 0 或 1 表示，它们是一种区间值。控制这类连续变化的信号要用到模拟引脚。

控制板的 0～13 号引脚为数字输入与输出引脚，为了和模拟引脚区别（A0～A5），我们往往在数字引脚前面加上 D（数字 Digital），称为 D0～D13。

D13 引脚比较特殊，与控制板上的板载 LED 小灯相连。如果 D13 引脚高电平，则板载 LED 小灯也会点亮；如果 D13 引脚低电平（相当于不给电），则板载 LED 小灯也会熄灭。

标识～的引脚（D3、D5、D6、D9、D10、D11）除了有数字输入与输出功能外，还兼具模拟输出功能，后面章节再具体介绍。

D0 和 D1 也比较特殊,分别连接控制板的串口传送(TxD)和接收(RxD)端,使用 USB 数据线连接 PC 和 Arduino 控制板进行串口通信(上传和调试程序)的时候,这两个引脚千万不要连接任何传感器或执行器,否则会干扰串口的通信。只有当串口通信结束(不再使用 USB 数据线调试程序),才可以使用这两个引脚。本书需要频繁使用 USB 数据线通过串口通信方式上传或调试程序,所以这两个引脚基本都避免使用了。

A0～A5 是模拟输入引脚,但无法输出模拟量(可用带有～标识的引脚输出模拟量)。同时,这些模拟输入引脚也可兼具数字输入与输出功能,可以用 D14～D19 表示。如果项目使用的数字设备较多,D0～D13 不够用,则可以使用这些引脚。

3.3 V 和 5 V 引脚可以提供相应电压的电量,GND 引脚用于接地(类似电源的负极)。

其他的引脚本书并不会涉及,这里就不过多阐述了。

2. Arduino IDE

除了硬件外,我们还需要为 Arduino 控制板编写程序,这就需要用到 Arduino 的 IDE(IDE,全称为 Integrated Development Environment,即集成开发环境),也就是编程用的软件。

Arduino 的官方编程软件使用 C/C++语言,如图 1.1.4 所示。

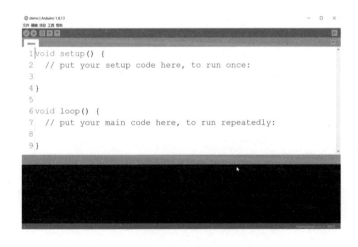

图 1.1.4　Arduino 官方 IDE

C/C++是一门重要的编程语言,许多复杂的软件系统都是由这门语言构建的。虽然它有一定的学习难度,但如果使用 Arduino 和硬件相结合的学习方法,学习起来就不会特别抽象,反而趣味横生,更容易理解和掌握。

另外,还可以通过图形化的编程方式为 Arduino 控制板编写程序。我们使用的图形化编程软件叫米思齐(也称为 Mixly,本书统一称为 Mixly),这是一款出自北京师范大学傅骞博士团队的实用型图形化编程工具。本书前几章使用 Mixly 作为首选编程工具进行讲解,着重介绍为硬件编程的技巧和思想。同时,也会将图形化的程序翻译成对应的 C 语言代码并作简单介绍。Mixly 中的图形化编程与 C 语言编程界面如图 1.1.5 所示。

图 1.1.5　Mixly 中的图形化编程与 C 语言编程界面

Mixly 集成了 Arduino 官方编程软件,所以我们只要下载 Mixly 就可以了。

登录 Mixly 的官方网站:http://mixly.org,选择"软件平台→Mixly 官方版"菜单项,如图 1.1.6 所示。

图 1.1.6　Mixly 下载界面

　　然后,选择对应的操作系统下载即可,这里以 Windows 10 操作系统为例。

　　Mixly 软件是以 Zip 压缩包的形式发布的,所以需要将下载的压缩包先解压缩至任一目录中。注意,这个目录的层级结构中不能有中文命名的目录。

　　正确的目录:C:\software\Mixly_WIN

　　错误的目录:C:\软件\Mixly_WIN(目录中含有中文)

　　解压缩以后还不能立刻使用软件,需要单击目录中的"一键更新"文件,如图 1.1.7 所示,则程序自动下载并完整安装 Mixly 文件。确保安装的过程中计算机始终连接在互联网上。

图 1.1.7　更新 Mixly 软件

　　更新完成后,如图 1.1.8 所示,单击 Mixly.exe 文件即可打开 Mixly。

图 1.1.8　启动 Mixly 软件

　　注意:Windows 操作系统默认不显示文件后缀名,所以显示的只是 Mixly,为了后面学习方便,建议打开系统后缀名,可以在文件窗口左上角的"文件→更改文件夹和搜索选项→查看"中去掉"隐藏已知文件的拓展名"选项。

　　打开的软件界面如图 1.1.9 所示,最左侧的"模块区"是放置各种程序指令的地方,编程时可以将需要的程序指令拖拽到右侧的"代码区",再按照实际需要的逻辑组合成相应的程序指令。

图 1.1.9　Mixly 软件界面

后面会对 Mixly 做更详细的讲解。现在先来看看 Arduino 官方编程软件是什么样子。Mixly 文件目录中有个 arduino 文件夹，打开这个文件夹，如图 1.1.10 所示，双击 arduino.exe 程序。

图 1.1.10　Arduino IDE 程序

打开的软件中已经预置了两段 C 语言程序代码，分别叫 setup 和 loop，如图 1.1.11 所示，它们的作用后面再做更细致的讲解。

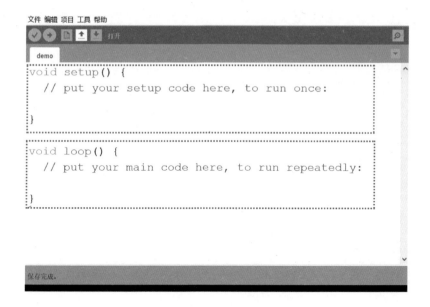

图 1.1.11　setup 和 loop 程序

认识了编程用的软件，就可以为 Arduino 控制板编写程序了。但在这之前，还要做一个工作，就是为 Arduino 控制板和计算机建立通信连接。

编写程序的地方是计算机，编写好的程序要交给 Arduino 控制板去执行，这个过程叫"上传"。上传的过程需要控制板和计算机建立稳定的通信连接，称为串口通信。这就需要使用一个 USB 数据线。

通过 USB 数据线连接控制板和计算机后，我们可以在计算机的"设备管理器"的"端口"项查看到 Arduino UNO 字样，如图 1.1.12 所示。"COM＋数字"代表 Windows 为串口通信分配的端口号，每个人分配的端口号不一定相同；如果是第一次使用 Arduino 控制板，则这个端口号很可能是 COM3。

如果设备管理器中没有出现 Arduino Uno 和端口号，或是出现带有黄色感叹号的未知设备，则可能是因为计算机没有支持 Arduino 控制板的驱动程序，需要读者手动安装驱动程序。具体方法可以登录微信公众号"智玩趣做"，发送 arduino 来获取相关内容的讲解。

如果成功安装了 Arduino 驱动程序，并且在"设备管理器"看到了分配的端口号，则可以进行下一步——为 Arduino 控制板编写一个简单程序。

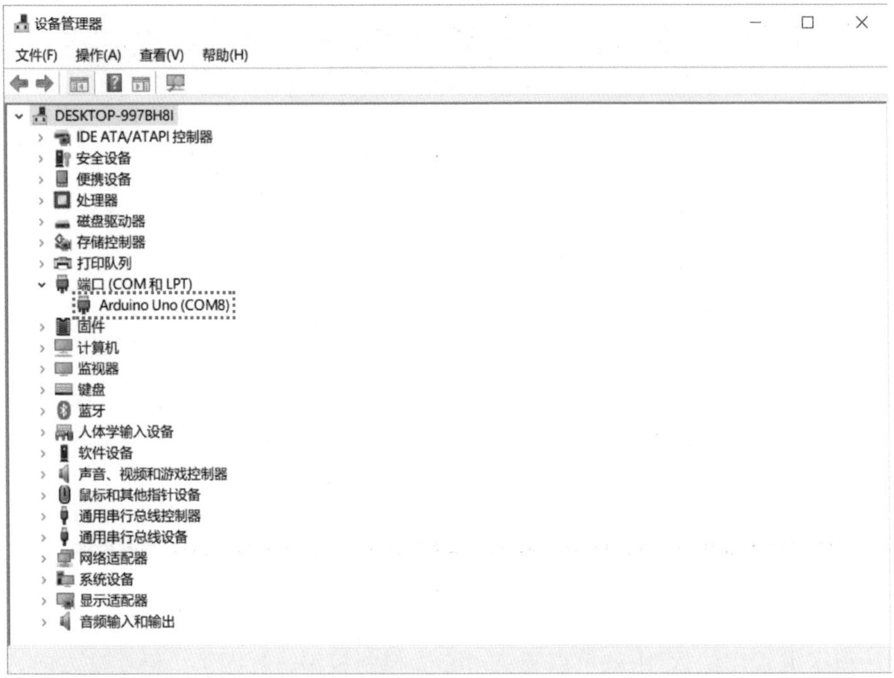

图 1.1.12　查看端口号

1.2　第一个 Arduino 程序

前面已经将 Arduino UNO 控制板和计算机建立了连接，这样就可以通过 IDE（编程软件）将编写的程序上传给控制板去执行。编程就相当于教控制器去做某些功能，执行某些动作。这里用的编程软件是米思齐（英文名 Mixly），它不仅支持图形化编程，也支持 C 语言的编程方式。

本节就来为 Arduino UNO 控制板编写一段程序、学习一些简单的编程指令以及如何上传这些程序。

首先观察 Arduino UNO 控制板，其上有一个特殊的电子元器件，如图 1.2.1 所示，这是一个嵌在板子上的 LED 小灯，称为板载 LED。我们要通过程序去点亮这个小灯。

Arduino UNO 控制板和一些玩具控制器不同，它没有外壳保护，电子元器件裸露在外，出厂时一般装在防静电袋中。板子的背面会看到许多焊接点，有些焊点比较尖锐，使用时小心扎手，如图 1.2.2 所示。

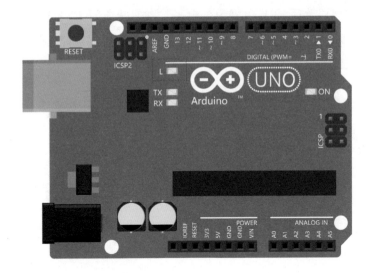

图 1.2.1　Arduino UNO 的板载 LED 小灯

图 1.2.2　Arduino UNO 板背面的焊点

　　平常取 Arduino 控制板时也要小心，尽量不要碰触电子元器件或焊点，尤其是在比较干燥的冬季，我们身上的静电可能损坏板子上的集成电路。另外，做实验的时候尽量保持桌面的整洁，不要在桌子上放水，以免打翻水撒在正运行的板子上造成短路。Arduino UNO 控制板上有许多电子元器件，现阶段不需要一一认识，后面的学习过程中再逐渐认识。

　　如图 1.2.1 所示，Arduino UNO 板载 LED 小灯其实是和 13 号引脚相连，如果给 13 号引脚通电，则 LED 小灯就会被点亮，这个动作称为"设置 13 号引脚为高电平"。相对的,如果"设置 13 号引脚为低电平",则意味着对 13 号引脚断电,LED 就会熄灭。那如何设置 13 号引脚的高低电平呢？下面的程序设计部分会详细讨论。

1. 动手做一做

打开 Mixly 软件,在工具栏部分选择板型为 Arduino UNO,如图 1.2.3 所示。

图 1.2.3　Mixly 中的板型选择

注意,每次打开 Mixly 后都要先确定好板型（一般情况下,选择好板型后下次再打开 Mixly 时会默认使用上次选择的板型）,如果所选板型和使用的硬件控制板不一致,则上传程序时就会出现错误。

板型选择栏的旁边是端口选择栏。端口就是计算机与 Arduino 控制板通信的"窗口",如果设置不正确,则程序也是无法上传到控制板的。当使用 USB 数据线将 Arduino 控制板和计算机相连后,计算机自动分配一个端口号,这个端口号可以在设备管理器中查看。每个计算机分配的端口号可能各不相同,一般来说,如果第一次使用 Arduino 控制板,则分配的端口号可能是 3 号。如果连接过多个控制板,则端口号依次累加。本例端口号分配为 8,如图 1.2.4 所示。

图 1.2.4　端口选择栏

选择正确的板型和端口号之后就可以为 Arduino 控制板编写程序了。Mixly 软件界面左侧的"**模块**"区存放着用于编程的程序指令。我们先单击"**输入/输出**"模块组,则可以在打开的界面中拖拽"**数字输出**"模块到代码区,并选择引脚号为 13 号引脚,如图 1.2.5 所示。

图 1.2.5　数字输出模块

　　这个模块可以将控制板的 13 号引脚设置为高电平,而 UNO 控制板的 13 号引脚和板载 LED 小灯是相连的,如果将这个引脚设置为高电平,相当于给小灯上电,小灯就会点亮。

　　程序编写好以后,还需要上传这个程序到 Arduino 控制板去执行。单击工具栏的"**上传**"按钮,则 Mixly 就开始了一系列复杂而繁琐的工作(这个工作能自动完成),可以在软件的下部看到这些工作的过程。如果一切须利,则会看到"上传成功!"字样,如图 1.2.6 所示。

　　如何? Arduino UNO 板上的 LED 小灯被点亮了吗?

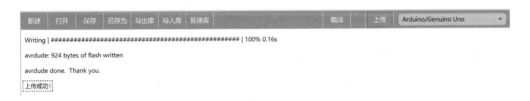

图 1.2.6　上传程序到控制板执行

2. 知识拓展

　　这个例子使用了数字输出模块,其中,数字指数字信号,该类型的信号只可能是两种状态——高电平或低电平。在程序的内部,高电平可以用数字 1 表示,低电平可以用数字 0 表示。比如在上个程序中,我们可以用数字 1 替换掉"高",效果也是一样的,如图 1.2.7 所示。

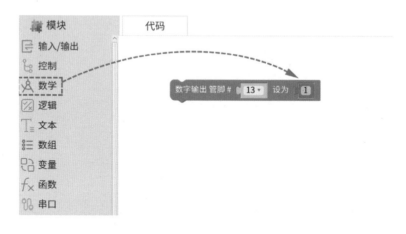

图 1.2.7　用数字 1 设置高电平

本例中 LED 小灯的状态只有两种,要么是用高电平(数字 1)开灯,要么是低电平(数字 0)关灯,所以选用的程序模块是数字输出。将来还会学习一些状态是连续变化的量,那时候就要用到模拟量了。这部分内容后面再介绍。

另外,输出是指 Arduino 控制板对外界环境做的工作,比如让小灯发光、让喇叭发声、让电机(也称马达,本书统称"电机")转动。还有一个概念是"输入",指外部环境影响 Arduino 控制板的数值变化,如利用光敏传感器感知外部光照强度等。一般来说,如果想让机器人感知外部环境,就要用输入;如果我们想让机器人去执行某些动作,就要用输出了。

3．C 语言讲解

我们使用图形化编程方式为 Arduino 控制板上传了第一个程序,点亮了板载小灯。这个程序如果用 C 语言来编写是怎么样的呢?

单击 Mixly 软件右侧的类似小于号的箭头,则弹出的窗体中显示这个程序对应 C 语言的代码。其中,setup 和 loop 是 Arduino 程序中最重要的两个代码段,如图 1.2.8 所示。

注意,setup 代码段中的程序指令在 Arduino 控制板上电时首先执行,但仅仅执行一次。所以一些初始化的程序指令适合放在这个代码段中。比如这个例子中,pinMode(13,OUTPUT)用于初始化 13 号引脚为输出模式。loop 代码段在 setup 程序执行完一次后再执行,但它里面的程序指令会一直反复执行下去(直到 Arduino 控制板断电）。所以程序的主要指令一般都放在这个代码段中，如例子中的 digitalWrite(13,HIGH)就是将 13 号引脚的电平变为高电平。

```
1  void setup(){
2    pinMode(13, OUTPUT);
3  }
4
5  void loop(){
6    digitalWrite(13,HIGH);
7
8  }
```

数字输出 管脚 # 13▾ 设为 高▾

图 1.2.8　C 语言代码

学习 C 语言代码的窍门是反复练习，跟着例子自己一遍遍敲击键盘。打开 Arduino 的官方 IDE，界面中已经预设好了 setup 和 loop 代码段（界面中一些用//标识的部分是注释）。

在 setup 中写入"pinMode(13,OUTPUT);"。注意，以分号结尾，并且所有的标点符号都要在英文输入法状态下输入（程序中出现中文输入法状态的标点符号时将无法执行）。

pinMode 是一个程序指令，称为"函数"，用来设置 Arduino 控制板的引脚模式（如输入模式或输出模式）。其中，M 要大写。C 语言是一种严格区分大小写的编程语言。如果写成 pinmode，程序将无法执行。

pinMode 后面括号中的部分叫参数，这里有两个参数。13 表示要设置 13 号引脚，OUTPUT 是系统关键字，表示这个引脚（13 号引脚）的模式是输出（后面还会学习输入模式，须使用系统关键字 INPUT）。

因为引脚模式只需要设置一次，所以 pinMode 函数放在 setup 中就可以了。loop 代码段会放置需要反复执行的程序指令，比如点亮小灯的代码。

点亮小灯是通过"digitalWrite(13,HIGH);"来设置的。这条指令是将 13 号引脚的电平设为 HIGH（高）。digitalWrite 用于改变引脚的数字状态，有两个参数，第一个参数是要设置的引脚号，第二个参数是要设置的引脚电平状态，使用系统关键字 HIGH 或者 LOW 表示高电平或低电平（也可用 1 或 0）。

写好程序后要将程序上传到控制板去执行。首先确定控制板已经用 USB 数据线和计算机相连，然后在 IDE 中设置板型和端口号。在工具栏中单击"工具"，选择"开发板"为 Arduino UNO，"端口"选择对应的端口，如图 1.2.9 所示。

设置好以后单击 IDE 左上方的"箭头"符号上传程序。如果一切顺利，则可以看到 IDE 中显示上传成功，如图 1.2.10 所示。此时可以看到 Arduino UNO 控制板的板载 LED 小灯被点亮了。

图 1.2.9　IDE 中设置板型与端口

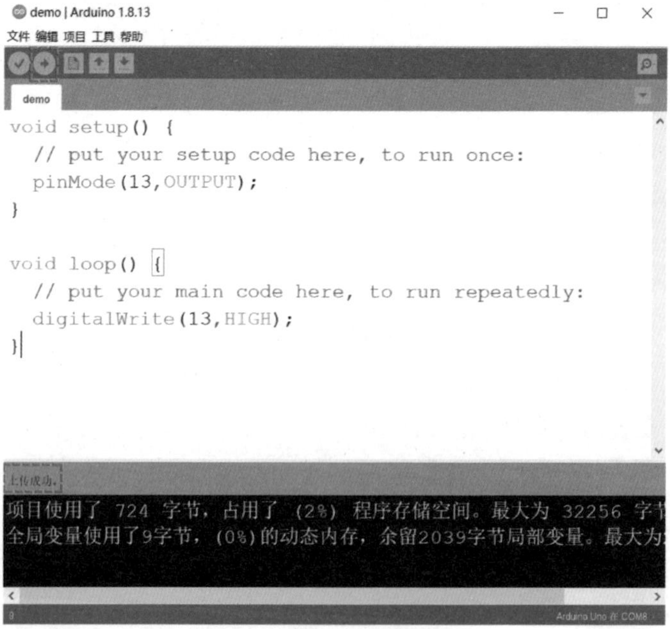

图 1.2.10　IDE 中上传程序

1.3　认识电

上节利用 Mixly 的图形化编程方式为 Arduino UNO 控制板上传了一个简单的程序——点亮板载小灯,学习了数字的概念以及输入、输出的区别。读者朋友是不是觉得编程非常有意思呢?以后就可以通过编程控制更强大的机器人去执行更复杂的任务,是不是很兴奋?但欲速则不达,在学习更复杂的知识前,先要了解一些非常重要的基础知识,比如电的知识。电是现代文明的基石,没有电,人们的生活会一片黑暗,我们的机器人也无法运动。但什么是电呢?电有什么特点呢?现在就来学习有关电的知识吧。

1.　什么是电

读者朋友认识电吗?电在人们生活必不可少。电灯需要电来点亮,电视需要电来开启,遥控汽车也需要电来驱动。没有电,我们的生活会有许多不方便。

那么什么是电呢?电是静止或移动的电荷所产生的物理现象。在现实生活中,如闪电、摩擦起电、静电感应、电磁感应等都属于电的现象。在构成物质的最基本粒子中(如电子和质子)有一种带电属性,我们称之为电荷。带正电的粒子称为正电荷,带负电的粒子称为负电荷。两个带电物质之间会互相施加作用力于对方,也会感受到对方施加的作用力(如静电现象)。另外,电荷也决定了带电粒子在电磁方面的物理行为。静止的带电粒子会产生电场,移动中的带电粒子会产生电磁场,带电粒子也会被电磁场影响。一个带电粒子与电磁场之间的相互作用称为电磁力或电磁相互作用。

我们日常使用的电机就是通过电磁作用来工作的。电机中有磁铁,通电后会产生电磁力驱动电机转动。同理,如果对电机施加外力,其转动也能产生电能。比如将两个乐高电机相连,转动其中一个电机,则会产生电能驱动另外一个电机转动,如图 1.3.1 所示。

图 1.3.1　电磁之间的转化

家庭用电大多是由发电厂利用电磁转化的原理产生的,通过燃烧化石产生蒸汽(或者水力发电直接利用水能)来驱动发电机转动,通过电磁转化产出电能。再通过电缆将电力输送到千家万户。由发电厂输送的电是**交流电**,这是一种电流流动方向周期性变化的电。而日常使用的电池流出的电流则是方向固定的**直流电**。

2. 电流与电压

那么什么是电流呢?电流就是电(或者说电荷)在导体中流动的现象。导体可以是铜、铁、银等容易让电荷流通的物质。与导体对应的,还有绝缘体,如橡胶、木材、纯净水(含有杂质的水可以归为导体)等。在物质导电性分类上,除了导体和绝缘体外,还有半导体(介于导体和绝缘体之间,本身并不导电,但在某种条件下会发生导电现象)。

电流的形成是有一定条件的。首先,电路中要有能自由移动的电荷,在导体中,电荷可以自由流动,但绝缘体中就没有可以自由流动的电荷。另外,电流要由电源发出,电源一般分正极和负极(电池突起的一端是正极),正极和负极之间必须存在电压差(也叫电位差或者电势差)。电压如同水压一般,能驱动电荷做定向运动,在电源的外部,电荷会从正极流向负极(在电源的内部,电荷从负极流向正极)。最后,电源所在的电路必须是一个闭合的回路,能让电荷从电源的正极流向负极;如果中间有断开,则无法形成电流。

电流的单位是安培,简称安,用 A 表示。1 A 就算是比较大的电流了,家庭耗电大户空调一般需要 5～10 A 来驱动。一些较小的电流用毫安(mA)作为单位,1 000 mA＝1 A。一些小的电子产品可能需要 500 mA 的电流。

驱动电流的电压也有单位,用伏特表示,简称伏(V)。家用电器的电压一般要220 V,有些国家的家庭电压是 110 V。这些电压都是很高的,人体触碰这么高的电压会造成伤害,人体的安全电压一般不能超过 36 V。常见的一节 5 号干电池仅有1.5 V电压。Arduino 控制板需要输入 7～12 V 的电压,控制板上的引脚会输出 5 V的电压。

那么,Arduino 控制板输出的电流是多大?想要回答这个问题,就要理清电压和电流的关系。一般来讲,电压越大,电流也就越大。想象一下高山上的流水,如果山势比较高,相对的水压比较大,则水流就会更湍急。如果水流过于湍急,就可能形成洪水,造成灾害。这就需要限制水流的速度,在河道上修建的堤坝就是为了限制水流速度。

同理,如果电流不经过任何限制,直接从电源正极流到负极,则电流是非常大的,会造成电源的损坏。这种不经过用电器直接从正极流到负极的电路,称之为短路。

在绝大部分的电路搭建中都要避免短路的发生。

从 Arduino 控制板的引脚流出的电流还需要用电器或者电阻去限制它的流速，这样的电流才能使用。因此，如果想测量电流的数值，就必须知道一个非常有用的数据——电阻值。

3．欧姆定律

电阻单位是欧姆，简称欧，用 Ω 表示。电压、电流和电阻三者之间的关系可以表示为：电压＝电流×电阻。如果用符号表示这个公式，就是 $U = I \cdot R$（用 U 表示电压，I 表示电流，R 表示电阻）。这个公式就是著名的"欧姆定律"。

欧姆定律：指在同一电路中，通过某段导体的电流与这段导体两端的电压成正比，与这段导体的电阻成反比。也可以用公式表示为：$I = \dfrac{U}{R}$。

如果 Arduino 控制板引脚没有接任何用电器或者电阻，而仅仅用杜邦线连接负极（控制板上表示 GND 的引脚），那么流动的电流会有多大？一般杜邦线仅有 0.3 Ω 左右的电阻值，引脚电压 5 V，根据公式得知，电流＝5 V/0.3 Ω，大概有 17 A。这是一个相当大的电流，足以击毁 Arduino 控制板（其实杜邦线能够支持通过的电流最多也就是 1 A 左右，超过这个值，线材本身都会出现损坏）。所以在做电路设计和搭建时，要充分考虑使用电阻去限制电流。

比如图 1.3.2 中的电路搭建，电池盒输出的电压是 3 V，这里用了一个 220 Ω 的电阻保护 LED 小灯。LED 小灯也叫发光二极管，它是一种半导体元器件，一般较长针脚（带有折弯）是正极。

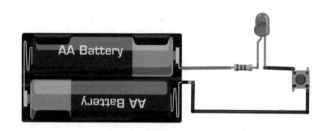

图 1.3.2　基本电路搭建

4．电路图

这个电路搭建图如图 1.3.3 所示。

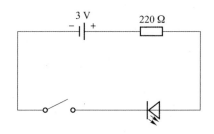

图 1.3.3　电路图

其中,⊣⊢表示电源,—▭—表示电阻,⊣◁⊢表示 LED 小灯(有的图例会用⊗表示各类灯),——∘◦——表示开关。注意,一个合格的电路搭建必须要由四部分组成,分别是电源、开关、用电器和由导线构成的闭合回路。

5．面包板

在我们搭建电路的时候经常需要用到一种工具叫面包板。面包板是一种不需要焊接、可快速组装电路的器材,其名称来源于电子爱好者早先使用铜线、钉子等器材在切面包的板子上组装电路。面包板内部用金属长条将孔位以水平和垂直的形式连接在一起,上下两边带有＋、－符号的孔位是水平连接的,中间部分是垂直连接的,如图 1.3.4 所示。

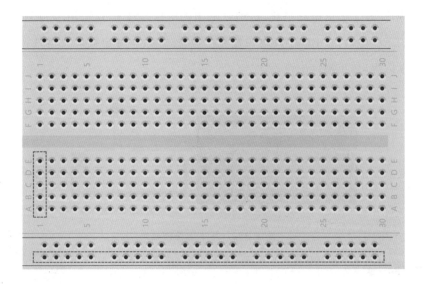

图 1.3.4　面包板

将本例中的电路用面包板进行搭建,如图 1.3.5 所示。

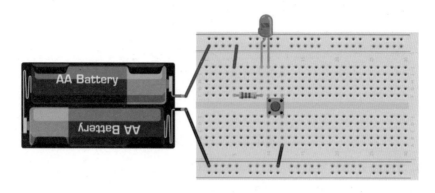

图 1.3.5　使用面包板搭建电路

6. 串联与并联

这个例子的各用电器其实是连成一串的,这种电路称为串联电路。串联电路有以下几个主要特点:

> 串联电路中各用电器的电流相等。
> 串联电路中各用电器的电压之和等于总电压。
> 串联电路中,只要有一处断开,则整个电路都断开。

与串联电路相对应的是并联电路,电路搭建如图 1.3.6 所示。

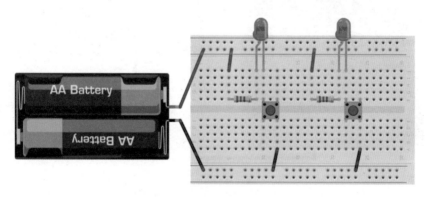

图 1.3.6　面包板搭建并联电路

这样的电路搭建该怎么绘制电路图呢? 注意,这里使用的面包板上下两组孔位(由蓝线和红线标出)都是横向连通的,中间部分以 5 个一组纵向连通。所以电池正极的电流会通过上端的孔位流入两组 LED 小灯中,最终通过黑色导线流回电池负极。这个电路图应该这样绘制,如图 1.3.7 所示。

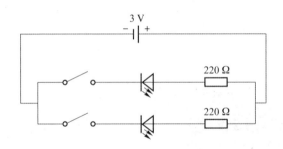

图 1.3.7　并联电路图

这种由两条或多条支路组成的电路称为并联电路。并联电路有以下主要特点：

➤ 并联电路各支路电压与干路电压相等。

➤ 并联电路总电流等于各支路电流之和。

➤ 并联电路总电阻的倒数等于各支路电阻倒数之和。

➤ 并联电路中一处支路断开并不影响其他支路。

7. 使用控制板搭建电路

现在尝试用 Arduino 控制板结合面包板、LED 小灯等电子元器件来搭建电路，如图 1.3.8 所示。

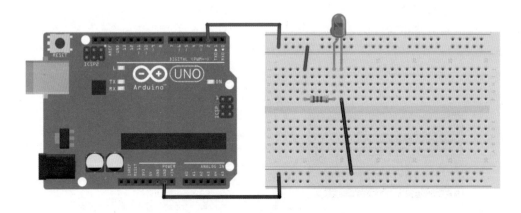

图 1.3.8　Arduino 结合面包板搭建电路

Arduino 就像一个大号电池，电流从 2 号引脚流出（需要通过编程控制），经过 220 Ω 的电阻限流后进入 LED 小灯中，再从负极流出，流回 GND（相当于电池的负极）。电路图可以如图 1.3.9 所示这样表示。

其中，▭▷ 表示来源于其他电路，像 Arduino 这样复杂的电路图不需要全部画出来，用这种多边形符号代表就可以了。⊥ 表示接地（或者负极）。

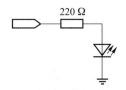

图 1.3.9　Arduino 结合面包板电路图

将 Arduino 控制板用 USB 连接在计算机上，打开 Mixly，调整好版型和端口号，编写如图 1.3.10 所示程序。

图 1.3.10　Mixly 程序示例

上传程序，则能看到面包板上的 LED 以 1 s 的间隔时间不断闪烁。

1.4　认识拓展板

对于一些简单的项目，我们使用 Ardunio 控制板结合面包板及普通电子元器件是可以应付的，但如果开发较为复杂的项目，使用这些电子元器件就相当复杂。这个时候可以使用集成好的功能模块以及 Arduino 拓展板来实现。这节课就来认识什么是模块，什么是拓展板。

1. 基础知识

Arduino 控制板的上下两边各有一排黑色插排，称为杜邦接头或杜邦单排母座；它们是 Arduino 板的接口槽，用来连接传感器或其他设备。市面上有许多与

Arduino 插槽匹配的拓展板,可以基于 Arduino 实现许多不同的功能,如连接网络或驱动电机等,如图 1.4.1 所示。

图 1.4.1 以太网拓展板

这里选用 MIOS 公司推出的拓展板,特点是构造简单、性能强大、兼容性好,可用于驱动电机,并且可以和乐高类结构件配合使用,方便基于乐高及其衍生的结构件来制作项目。将拓展板插在 Arduino 控制板上,如图 1.4.2 所示。

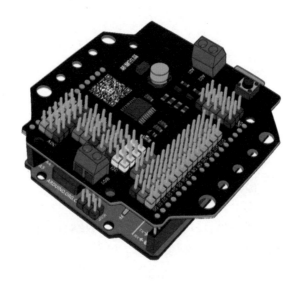

图 1.4.2 Arduino 连接拓展板

拓展板会将 Arduino 原先的单排母座拓展成三联脚针脚针形式。其中,黄色、红色和黑色针脚分别对应信号、接电和接地。市面上有许多传感器模块或功能模块都做成这种三脚针形式,所以如果读者有其他传感器,一般也可以直接使用。

这部分学习中还需要使用一个 LED 灯模块,如图 1.4.3 所示。这个模块需要把普通的 LED 小灯插在模块的插座上。注意,LED 小灯是分正负极的,一般长脚的一端插正极,也就是＋号的插座;短脚的一端接负极,也就是－号的插座。我们再拿出一个三色的数据线,白色的一端接在 LED 灯模块上,注意,黄线对应 D0,红线对VCC,黑线对应 GND。数据线的另外一端是黑色的杜邦插头,接在拓展板 13 号引脚处。接好后如图 1.4.4 所示。

图 1.4.3　LED 灯模块

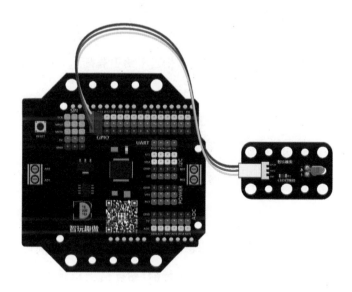

图 1.4.4　LED 灯模块接线

最后,用 USB 线连接 Arduino 和计算机,准备写程序吧。

2. 动手做一做

打开 Mixly 编程软件,选择好板型和端口。从左侧的"输入与输出"模块中拖出

"数字输出"指令,并设置引脚为 13,电平为高电平,如图 1.4.5 所示。

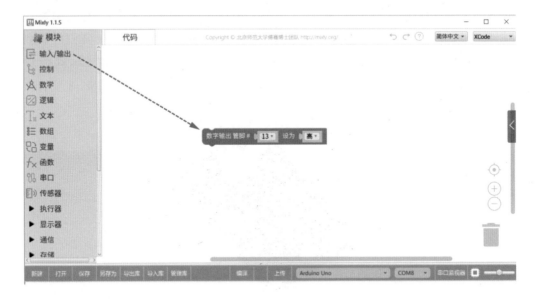

图 1.4.5　数字输出模块

　　单击"上传",则 Mixly 自动编译代码,并将程序上传到 Arduino 控制板执行。如果一切须利,就可以看到 LED 小灯被点亮了。如果想熄灭小灯,则可以将模块中的"高"设置为"低",也就是低电平。低电平相当于给引脚断电,这样小灯就熄灭了。将两个模块令组合起来,如图 1.4.6 所示。

图 1.4.6　两个模块指令组合使用

　　这样的程序逻辑是点亮小灯后再熄灭小灯。Mixly 中这样的程序虽然并没有用循环结构包裹,但程序指令其实是反复执行的(循环结构稍后讲到)。如果用程序流程图表示,则应该图 1.4.7 所示的样子。

　　流程图可用来表示程序的逻辑关系,一般用椭圆表示程序的开始,用矩形表示程序的处理过程,用箭头表示程序的流向。后面的课程还会学到更多有关流程图的知识,现在,先记住椭圆、矩形和箭头的作用吧。

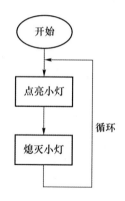

图 1.4.7　程序流程图

　　如果把这个程序上传到 Arduino 控制板,观察 LED 小灯的状态,可能并没有想象中小灯闪烁的效果。最多能看出这个小灯没有先前那么明亮了,这是什么原因呢? 这是因为程序的执行速度非常快,LED 小灯的亮和灭在一瞬间就执行了很多次,我们的眼睛无法在那么短的时间里区分不同的状态,只能感知一部分 LED 点亮的状态。这就是为什么我们能看到 LED 小灯被点亮但亮度不那么明显。

　　可以在程序中加入一个延时模块,将亮与灭的时间延长一些,这样就能区分出不同的状态了。从"控制"模块组中拖出延时模块,将延时模块放置在数字输出模块,如图 1.4.8 所示。

图 1.4.8　使用延时模块

3. 知识拓展

　　LED 小灯也称为发光二极管,是一种单向导通的半导体元器件,有两个针脚,区分正负极。电路图符号用 ⏚ 表示,有的时候也可以用 ⊗ 表示。一般来说,长脚的一端要接正极,短脚的一端接负极。使用时,除了注意正负极不要接反外,还要小心其工作的电压电流不要超过它可接受的范围。表 1.4.1 是不同颜色 LED 小灯的工作参数。

表 1.4.1　LED 小灯工作参数

颜　色	一般工作电流/mA	最大工作电流/mA	一般工作电压/V	最大工作电压/V
红色	20	30	1.7	2.1
黄色	20	30	2.1	2.5
绿色	20	25	2.2	2.5

注意,不同厂商生产的 LED 小灯工作参数不尽相同,同一厂商生产的不同型号 LED 小灯也可能并不相同。这表只是提供一个学习参考,项目开发时要根据元器件供应商的产品说明来做具体设计。

　　LED 小灯比较脆弱,电压过大或电流过大都可能烧毁它。实际电路设计中要使用这种 LED 小灯时,往往要为它配合一个限流电阻,将电压和电流限制在合理的范围内。如图 1.4.9 所示,LED 小灯最大工作电流是 30 mA,最大工作电压是 2.1 V,电源是 5 V,那么电阻最小是多少欧?

5 V

图 1.4.9　计算限流电阻阻值

　　根据串联电路特性得知,电路中的电流是一样的,如果流过 LED 小灯的电流是 30 mA,则流过电阻的电流也应该是 30 mA。并且如果 LED 小灯分掉了 2.1 V 的电压,那么电阻分掉的电压就应该是 2.9 V,这样就可以通过欧姆定律求电阻的阻值了。

电阻=电压/电流=2.9 V/0.03 A=96.6 Ω

　　所以选用大于 97 Ω 的电阻就可以了(如常见的 100 Ω、220 Ω 都可以)。如果使用 LED 模块就简单很多了,模块里面已经内置了限流电阻来保护 LED 小灯,不需要再外接一个电阻了。

　　在上一个例子中,如果想感知小灯闪烁的现象,就需要在点亮与熄灭之间加入一个延时效果，让人眼有足够的时间做出反应。

延时程序模块是在"控制"模块组里，如图 1.4.10 所示。

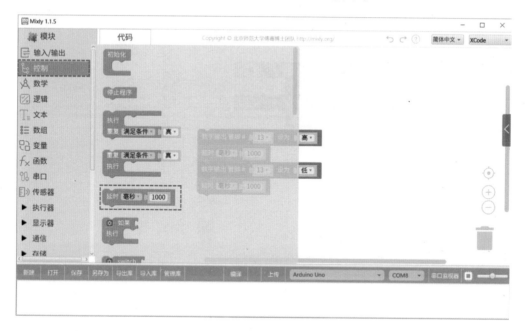

图 1.4.10　延时模块

延时模块的单位是 ms(毫秒)，1 000 ms(毫秒)等于 1 s(秒)。这个模块也可以选用 μs(微秒)。微秒是更小的时间单位，1 000 μs 等于 1 ms，大部分的时候用 ms 就足够了。

4. C 语言学习

我们用图形化的编程方式实现了小灯的闪烁，如果想用 C 语言编写这样的效果，该怎么做呢？打开 Mixly 右侧的 C 语言窗口看看对应的代码，如图 1.4.11 所示。

前面曾经介绍过，Arduino 的 C 语言编程必然包括两部分，即 setup 函数和 loop 函数。其中，setup 函数用来完成程序的初始化工作(比如设置引脚模式)。loop 函数会在 setup 函数执行完毕开始运行，且会反复运行，直到 Arduino 控制板断电。setup 函数和 loop 函数后面用{}将程序指令包裹起来。{}叫作域，用来界定程序指令和变量的作用范围。

在 loop 函数中，digitalWrite(13，HIGH)用来设置 13 号引脚为高电平，这样就能点亮接在 13 号引脚的 LED 小灯模块。digitalWrite(13，LOW)用来设置 13 号引脚为低电平,用来熄灭小灯。在点亮与熄灭之间用 delay(1000)延长了时间,延长的时间是 1 000 ms,也就是 1 s。

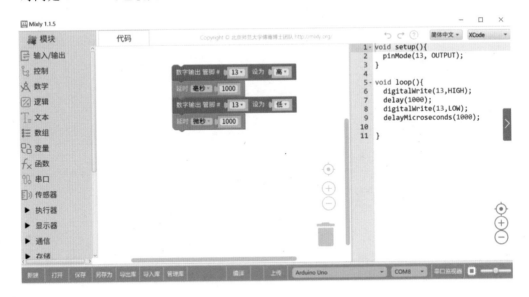

图 1.4.11　小灯闪烁的 C 语言代码

如果把图形化模块中的时间改成微秒,对应 C 语言中的 delay 就也会变成 delayMicroseconds,如图 1.4.12 所示。

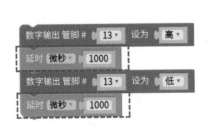

图 1.4.12　微秒的 C 语言指令

在 Arduino 的 C 语言学习过程中,需要死记硬背一些程序指令,如 digitalWrite、pinMode、delay、delayMicroseconds 等。其实也就不到 20 个程序指令,比起英语单词要简单太多了。

后面的课程还将更系统地去学习 Arduino 的 C 语言编程,现在先把这节课学到的程序指令记熟吧。

第 2 章　Arduino 趣味项目

2.1　呼吸灯

前一章使用 Arduino 控制板、拓展板以及 LED 模块实现了 LED 灯的闪烁效果；了解到关于 LED 灯相关特性,学习了如何使用数字输出程序实现 LED 灯的开启与关闭、如何使用延时程序设定闪烁的时间间隔。本章将学习新的编程知识来实现 LED 灯更为复杂的效果——呼吸灯,即逐渐点亮小灯,再逐渐熄灭小灯。

1. 基础知识

观察 Arduino 的拓展板,找到标有 D0～D13 的引脚位置,它们是一排引脚插针,如图 2.1.1 所示。

图 2.1.1　长排插针上标识有 D0～D13

注意,之前的项目中讲到过,13 号引脚和 Arduino 控制板的板载 LED 灯相连。其实,0 号引脚与 1 号引脚也属于相对特殊的引脚,平时通过 USB 数据线上传程序的时候其实是在使用串口通信,而 0 号引脚与 1 号引脚在进行串口通信的时候会被占用,假如此时这两个引脚外接某些传感器,则可能对上传程序造成干扰。所以上传程序时要避免在 0 号引脚与 1 号引脚上外接其他设备(上传程序结束后可以使用)。

D0~D13 引脚称为数字输入/输出引脚。这里的数字指计算机科学中最重要也是最基本的两个数值:1 和 0。在物理世界中,开和关、亮和灭、高和低这种"非此即彼"的数据,都可以用数字 1 和 0 表示。因此,控制 LED 小灯的亮和灭会选择使用数字输入/输出引脚完成。上个项目使用板载 LED 灯实现亮灭的效果,所以与板载 LED 相连的 13 号引脚被设置为输出,此引脚输出高电平时点亮小灯,输出低电平时则熄灭小灯。输出高电平相当于在引脚上接通 5 V 的电量,输出低电平相当于接通 0 V 的电量(也就是断电)。

LED 灯的亮、灭可以通过高低电平来决定,那么 LED 灯的光亮强度是由什么决定的呢? 光亮的强度是一种区间变化的物理量,称为模拟量。Arduino 控制板在输出模拟量时需要用到一些特殊的引脚(标有~符号的引脚),也就是 3、5、6、9、10、11 号引脚。

2. 动手做一做

将 LED 灯模块接到 11 号引脚上,如图 2.1.2 所示。接下来观察拓展板上 11 号引脚的标识,它的编号上部有~符号,同时,3、5、6、9、10、11 号引脚上都有~符号。标有该符号的引脚不仅可以输出数字量(0 V 或 5 V),还可以输出模拟量(0~5 V 之间的电量)。

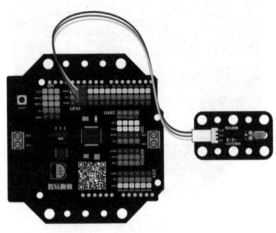

图 2.1.2 LED 灯模块接 11 号引脚

　　打开 Mixly 编程软件,首先选择板型和端口。接下来,从左侧的"输入与输出"模块中拖出"摸拟输出"指令,设置引脚为 11,赋值为 255,如图 2.1.3 所示。

图 2.1.3　模拟输出模块

　　单击"上传",将程序上传到 Arduino 控制板执行,可以看到,11 号引脚所连的 LED 灯被点亮了。

　　此时观察小灯的亮度,和前面学过的数字输出程序的效果基本一样。Arduino 控制板的输出电压范围为 0~5 V,这个范围对应的数值为 0~255。所以刚刚写程序时,选择赋值为 255,是指将 Arduino 控制板 11 号引脚的输出电压设定为最大值 5 V,效果等同于使用数字输出时设为高电平。同理,如果将模拟输出的值改为 0,那程序上传后,LED 灯的效果和使用数字输出设为低电平是一样的。

　　11 号引脚的输出电量是由模拟输出值决定的,我们可以在 0~255 之间选用任意数值来控制 11 号引脚的输出电量。修改程序如图 2.1.4 所示。

　　程序上传成功后观察 LED 小灯,此时 LED 小灯的亮度是从亮到暗再到灭,并且不断重复。图 2.1.4 程序是将 11 号引脚的模拟输出值由 255→200→150→100→50→0 逐渐减少,时间间隔始终是 300 ms(也就是 0.3 s)。因为程序是自动循环的,所以当 11 号引脚输出电量为 0 时,程序又重新开始,如此反复执行。

图 2.1.4　修改后的模拟输出程序

此过程使用流程图表示,如图 2.1.5 所示。

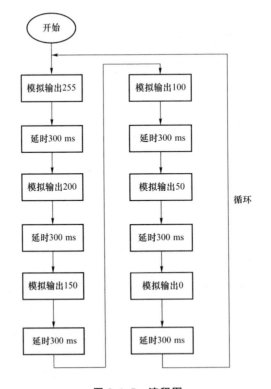

图 2.1.5　流程图

观察整个程序,模拟输出 X 与延时 300 毫秒是反复执行多次的(一个大循环周期中执行了 6 次)。这种重复执行某段指令的程序结构被称为循环结构,被重复执行的程序段被称为循环体。

在 Mixly 软件左侧模块区的"控制"里拖出"使用 i 从…到…"模块,从"变量"中拖出 i,改写之前的程序如图 2.1.6 所示。

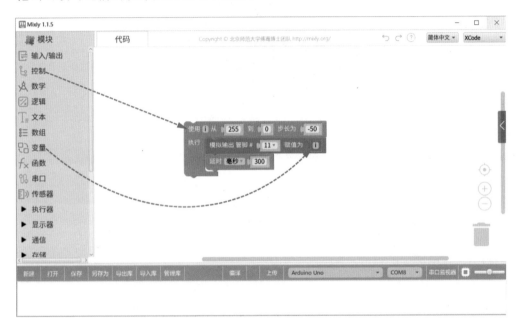

图 2.1.6　使用循环程序

这个程序使用循环结构将变量 i 从 255 递减至 0,每一次循环中变量 i 都要减去 50。也就是变量 i 的值将会依次为 255、205、155、105、55、5、0,这个值将作为循环体中模拟输出的数量。其运行效果与之前的程序基本一致。

如果想实现 LED 灯作为呼吸灯(逐渐点亮再逐渐熄灭,循环往复)的效果,该怎么做呢?

这里可以使用两个循环结构来实现,第一个循环结构用来逐渐点亮小灯,第二个循环结构用来逐渐熄灭小灯,如图 2.1.7 所示。

注意,第一个循环结构会使 11 号引脚的模拟输出量由 0 起逐渐升高,直至最大值 255,这期间小灯是逐渐变亮的过程(步长为 5,间隔 100 ms)。当最后到达 255 时,第二个循环结构执行,实现亮度值从 255 逐渐降到 0(步长为 −5,间隔 100 ms),这是 LED 灯由亮逐渐变暗直至熄灭的过程。如此往复,实现呼吸灯的效果。你学会了吗?

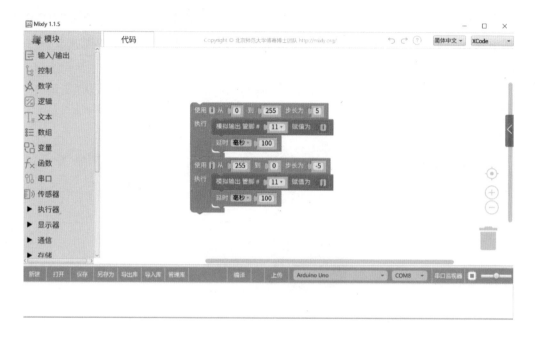

图 2.1.7 呼吸灯程序

3. 知识拓展

Arduino 控制板的 D0～D13 号是数字输入/输出的引脚,但 3、5、6、9、10、11 号引脚有特殊性,它们不仅支持数字量的输入和输出,也支持模拟量的输出。它是利用数字输出高低电平的快速切换来实现模拟输出过程,这种技术方式称为 PWM。一般支持 PWM 的引脚都会用波浪号标识,如使用 UNO 板,只有 3 号、5 号、6 号、9 号、10 号、11 号引脚可以使用 PWM 的模拟输出。

PWM(Pulse width modulation)被称为脉冲宽度调制技术,简单来讲,就是在一个电信号的脉冲周期内,通过调节高电平所占的比重(占空比)来实现输出不同的电量。比如 Arduino 控制板的标准输出电压是 5 V,当使用 PWM 调节输出电压时,若占空比为 100%,则输出就是 5 V;若占空比为 50%,输出就是 2.5 V。

模拟输出的赋值范围是 0～255,对应 Arduino 控制板输出电压的范围为 0～5 V。若需要输出 2.5 V 的电量(Arduino 控制板输出的标准电压是 5 V),则需要赋值 127。上述模拟输出的取值范围须熟记,后面的课程还会学习模拟输入的知识,它的取值范围不太一样,容易造成混淆。

注意:如果设定的模拟输出量超过了 255 会怎么样? 比如设定了 256,程序会将256 认定为 0,257 认定为 1,依此类推。

在呼吸灯这个项目中,程序需要多次修改模拟输出的赋值。对于这种需要多次改变的数据,就要使用变量了。变量就像一个容器,可以装载不同的东西。编程时,根据逻辑需要来设定容器里的数据。注意,这种容器有一定的使用规则,就好比装樱桃的小篮子不能拿来装西瓜一样,不同类型的数据能使用的变量也是不一样的,这就需要我们认识编程中比较重要的知识——数据类型。

常见的数据类型有整型、浮点型、布尔型、字符型等。本章接触到的变量的数据类型是整型(整数类型),如 0、1、10、100 等。程序中的 i 和 j 都是整数类型,这是由程序逻辑需要决定的——i 和 j 每次变化都加上或减去 5,始终是整数类型。

Mixly 可以通过"变量"模块组设置变量,可以修改变量的作用范围、名称、数据类型,并为变量赋值。比如设置了一个全局变量 i,整数类型,它的初始值是 100,如图 2.1.8 所示。

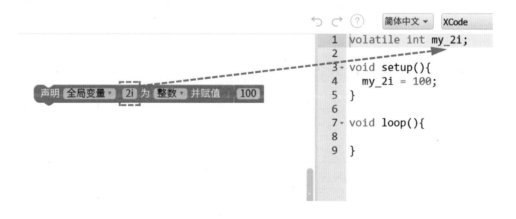

图 2.1.8　设置变量

全局变量意味着 i 在任何程序指令都可以被访问与修改。如果设置为局部变量,则只能在特定代码块中使用。关于全局和局部的知识后面还会详细讨论,一般情况下使用全局变量就可以了。

变量的名称可自由决定,但注意要区分大小写。大写的变量名和小写的变量名是两个不同的变量。另外,变量名不能以数字和特殊符号开头。在 Mixly 的图形化编程中,如果命名了一个以数字开头的变量(非法变量),则程序会在后台自动修改成正确命名的变量,如图 2.1.9 所示。

图 2.1.9　Mixly 自动修改成正确变量

虽然图形化编程可以将许多错误自动修补正确,但还是建议牢记正确的编程规

则。比如对于变量的命名,须遵守以下原则:

> 变量名由字母、数字和下划线组成;

> 变量名不能以数字开头;

> 变量名不可以包含空格及特殊符号;

> 变量名区分大小写;

> 变量名不能使用系统关键字,如 if、for 等;

> 变量名尽量有意义,易于理解和辨识。

4. C 语言学习

C 语言编程时经常用到变量。变量是一种在程序执行过程中可以发生变化的量值。比如呼吸灯中模拟输出值要经常改变(从 0～255),这就需要变量实现这一效果。

使用变量时需要事先定义变量,比如"int my_age＝18;"中 my_age 是变量名。18 是变量的初始值,通过"＝"将这个值"赋值"给变量 my_age。在 C 语言中,一个等号表示"赋值",用于将某个值赋给变量。如果想判断两个数值是否相等,则需要使用双等号,如"my_age＝＝18"。这是判断变量 my_age 的值和 18 是否相等。学习 C 语言的初期会经常搞混一个等号和两个等号的区别,所以要格外注意。int 是数据类型标识符,表示整型。在 C 语言编程中,一个变量必须指定数据类型。常见的类型有整型(整数),浮点型(小数),布尔类型(真或假)和字符类型。其他数据类型还有长整型(更大的整数),字节(字节可以简单理解为是占用内存空间更小的整数,取值范围是 0～255)和字符串。不同数据类型的取值范围如表 2.1.1 所列。

表 2.1.1 数据类型表取值范围

数据类型	取值范围	使 用
整型	−32 768～32 767	表示范围内任意整数值
长整型	−2 147 483～2 147 483 647	表示较大范围内的任意整数值
浮点	−3.402×10^{38}～3.402×10^{38}	表示带小数的数字,用来近似真实世界的测量值
布尔	True(真,1)或 False(假,0)	表示真(与 1、高等价)或假(与 0、低等价)
字节	0～255	代表单个字节
字符	−128～127	代表单个字符,也表示范围内的整数值
字符串	—	表示一串字符

数据类型是 C 语言学习初期的一个难点,不需要现在就能熟练掌握全部数据类型的使用。随着课程的不断加深,我们会在实践中不断巩固和理解数据类型的应用技巧和方法。现在,先记住整型的使用——如果想用一个变量表示整数,就需要使用整型,方法是在定义变量前加上系统关键字 int。定义整型变量的示例如图 2.1.10 所示。

图 2.1.10　C 语言中定义变量

其中,第 1 行和第 2 行定义了两个整型变量 my_age 和 my_high。my_age 被赋予初始值 18。my_high 仅仅是被定义,但没有被赋值(有的书将没有被赋值的变量称为声明变量,这里不做严格区分)。第 6 行才将 180 赋值给 my_high。

setup 的代码域中通过 Serial.begin(9600)打开串口监视器,这个指令须熟记,因为要经常使用。串口监视器允许在计算机端建立和 Arduino 控制板通信的窗口,因为经常用串口监视器查看控制板的运行状态。比如这个例子就在第 5 行和第 7 行通过 Serial.println()命令分别打印 my_age 和 my_high 的值。

将代码上传(记得上传前在"工具"中选择开发板和端口号),然后单击 IDE 右侧的"放大镜",打开串口监视器窗口,就能看到打印出来的值了,如图 2.1.11 所示。

在 C 语言编程中,变量不允许重复定义,否则程序无法通过编译,会显示错误信息,如图 2.1.12 所示。

图 2.1.11　打开串口监视器

图 2.1.12　重复定义变量无法通过编译

但是,有一种情况例外,我们可以在不同的域中定义相同名称的变量,比如在 setup 中再定义一个变量 my_high,如图 2.1.13 所示。

图 2.1.13　不同域中可以使用相同变量名

在本例中,最上层定义的变量称为全局变量,setup 域中定义的变量称为局部变量。全局变量和局部变量允许名称一样。事实上,第 9 行定义的局部变量 my_high 会在本域中替换掉同名的全局变量。这也是为什么我们在串口监视器中看到打印出来的值从 180 变为 178 了。

全局变量可以在所有域中使用,而局部变量只能在本域中使用(或者域中还有子域也可以使用),不可以跨域使用,如图 2.1.14 所示,比如在 setup 域中定义的变量不可以在 loop 中使用。

后面的课程将学习自定义函数,有时候会在自定义函数的域中定义某个局部变量,因为局部变量只属于所在域,不用担心会和其他函数中的变量产生冲突。

本例中呼吸灯的编程使用循环结构来实现,通过不断改变模拟输出量来达到不同的光照强度。我们使用的循环结构叫"for 循环",它的基本结构如下:

```
for(变量;限定变量条件;变量增量){ 循环体程序…… }
```

设计程序时会遇到需要限定次数或者限定增量的循环,这时候就可以使用 for 循环。比如希望循环体执行 3 次,则可以使用如下程序:

```
for(int i = 0;i<3;i = i + 1){循环体……}
```

图 2.1.14 局部变量不可跨域使用

这个程序首先初始化局部变量 i 并赋值为 0,然后判断 i 的值是否小于 3,如果小于 3 成立(不包括等于 3),则执行循环体。循环体执行完毕再执行 i＝i+1,将 i 的值加 1 后再赋给自己(将自己的值增加 1)。然后继续判断是否 i<3。依此类推,直到 i <3 不成立,循环结束。循环体程序一共执行 3 次。

如果希望模拟输出量的值是从 0 循环到 255,也最好使用 for 循环。例如:

```
for(int i = 0;i< = 255;i = i + 5){模拟输出使用 i 的值……}
```

这个程序与上一个程序不同的是 i 的判断条件使用了"<＝"符号,它读作"小于等于"。也就是 i 的值要小于(包括等于)255 的时候都会执行循环体。另外,i 值的增加量每一次循环都增加 5(i＝i+5),也就是 i 的值将经历 0、5、10、15……255。

模拟输出的程序指令是 analogWrite(引脚号,值),和之前使用的数字输出(digitalWrite)类似,但模拟输出的引脚号只能是支持 PWM 的引脚(3、5、6、9、10、11),值的区间范围是 0~255。另外,它不需要提前在 setup 代码域中使用 pinMode()来初始引脚模式。完整的呼吸灯程序如图 2.1.15 所示。

这个程序的第一个 for 循环用来逐渐点亮小灯。i 从 0 变到 255,每一次循环增加 5。这个循环执行了 51 次。循环用 delay 增加了延时 50 ms,这样整个点亮小灯的过程将用时 2 550 ms(2.5 s 多)。

图 2.1.15 使用 for 循环实现呼吸灯效果

第二个 for 循环用来逐渐熄灭小灯。细心的读者会发现这里也使用了 i,因为 for 循环中的变量属于各自域的局部变量,所以不会产生冲突。但和第一个 for 循环不同的是,这里的 i 是从 255 开始、逐次递减的。">="符号读作"大于等于",用来判断 i 的值是否大于(包括等于)0,符号条件时会执行循环体中的程序,这样就能逐渐熄灭小灯了。

注意,两个 for 循环都写在 loop 函数中。因为 loop 本身就是一个大循环,所以呼吸灯的效果是反复执行的。

2.2 按 键

我们使用数字输出实现了 LED 小灯的亮灭,又使用模拟输出实现了 LED 小灯亮度的变化。这些对 LED 小灯的操作均属于 Arduino 控制板的输出方式,输出可以理解为控制板对外做的功。此外,控制板还有另外一个非常重要的能力就是可以感知外部的信息,或者也可以说是将外部信号输入给控制板。

按键就是一个常见的输入装置,当按下按键的时候,Arduino 控制板就能获得按键输入的信号,就可以根据信号去执行其他程序,比如通过按键点亮小灯的效果。本节介绍使用按键实现控制 LED 小灯的案例。首先学习串口监视器的使用,利用串口监视器显示按键的信号状态,再通过编写选择结构的程序语句来实现按键对 LED 小灯的控制。

1. 基础知识

Arduino 控制器相当于一个小计算机,将编写好的程序从计算机端上传到 Arduino 控制板,之后,计算机其实就不再起作用了,因为上传完毕后,所有的程序都是在 Arduino 控制板上执行的。但如果这时发现控制板执行的程序有问题,则需要调试程序,这时就需要计算机来帮忙。

计算机端的 Mixly 编程软件界面中,右下角有串口监视器的窗口,如图 2.2.1 所示。

图 2.2.1　Mixly 软件上的串口监视器

如果使用的是 Arduino 的官方 IDE,则软件界面右上角有类似于放大镜的图标,单击就能打开串口监视器,如图 2.2.2 所示。

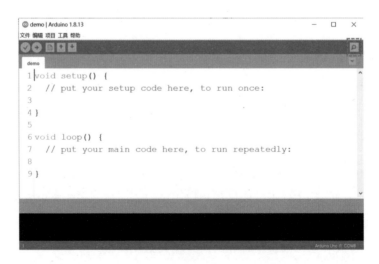

图 2.2.2　Arduino IDE 中的串口监视器

利用串口监视器可以在 Arduino 控制板和计算机之间建立一种通信机制,既可以用来显示 Arduino 控制板中的程序执行情况,也可以从计算机发送指令到Arduino 控制板,这样的通信机制称为"串口通信"。这里就要利用串口监视器来调试按键模块的输入值。串口通信是指数据一位接一位顺序发送或接收,就像数据串一样的通信机制。

按键模块只有两种状态——按下或抬起,这两种状态在 Arduino 的程序中是使用数字 1 或者数字 0 来表示的,所以它属于数字输入的传感器。有一些按键模块在默认状态下是 0,按下去后是 1,但有些按键类型则相反。这就需要使用串口监视器通过后面的实验来明确手中的按键模块究竟属于哪种类型。

明确了按键模块的输入类型后,程序就可以通过判断 0 或 1 的值来控制 LED 灯的亮与灭。

2. 动手做一做

将按键模块连接到 2 号引脚上(数字输入/输出端口),将 LED 灯模块连接在 13号引脚上,如图 2.2.3 所示。

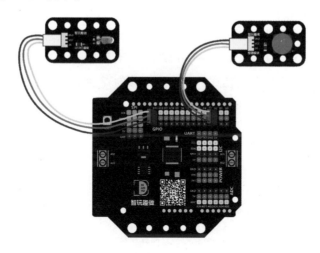

图 2.2.3　连接 LED 模块和按键模块

注意,Arduino 控制板在进行串口通信时会占用 0 号和 1 号引脚,此时不要在这两个引脚上连接传感器。上传程序其实也是在进行串口通信,若此时这两个引脚被占用,则会导致上传程序失败。

打开 Mixly 编程软件,选择好板型和端口号。在左侧的"模块"组中单击"串口"模块,拖出"Serial 打印"模块并修改模块选项为"自动换行"。然后在"输入/输出"模块组中拖出"数字输入"模块,修改引脚号为 2。组合好的程序如图 2.2.4 所示。

图 2.2.4　串口监视器打印按键输入值

程序成功上传后,打开串口监视器,则可以看到监视器中连续地显示数值 1,如图 2.2.5 所示。

图 2.2.5　串口监视器打印按键的默认值

按下按键后,这个数值变成了 0。松开按键,数值会变回 1。由此实验可知,该按键模块的类型是按下为 0,抬起为 1。

我们使用的按键模块中内置了上拉电阻,上拉电阻可以理解为通过一个较高阻抗的电阻(如 10 kΩ)将电源"注入"到引脚中,使引脚稳定在高电平。如果不使用上拉电阻,则引脚的电信号会是在 0 到 1 之间漂移的浮动信号,Arduino 就无法准确判断输入值。上拉电阻的工作原理如图 2.2.6 所示。

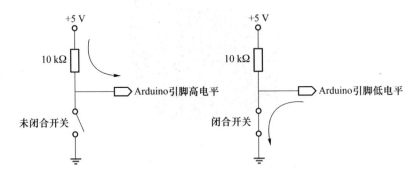

图 2.2.6　上拉电阻工作原理

除了上拉电阻,还有下拉电阻,是通过电阻将引脚与地相连,相当于将引脚的电引到地,使引脚的电平处于低位(此时读数为 0)。工作原理如图 2.2.7 所示。

除了可以使用外置的电阻实现上拉与下拉功能,Arduino 控制板内部也内置了一个 20 kΩ 的上拉电阻,可以通过调用 pinMode()函数时指定模式参数为 INPUT_

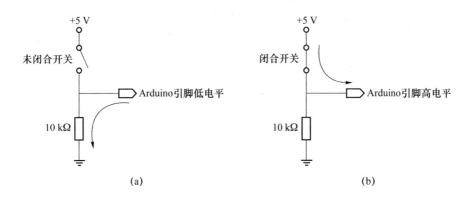

图 2.2.7　下拉电阻工作原理

PULLUP 来开启,如:

```
pinMode(12,INPUT_PULLUP);
```

这个程序会将 12 号引脚拉高成高电平状态。一般情况下,在使用独立元器件搭建电路的时候可以开启内置上拉功能,使引脚的状态稳定(不需要再搭建外置上拉和下拉电阻,便于电路搭建)。但现在模块化的电路元器件往往集成了上拉电阻或下拉电阻,不需要开启内置上拉电阻了。本节基本使用模块化的电路元器件,所以不需要开启内置上拉电阻。

可以根据按键模块的这一特性,结合编程的选择结构来控制 LED 灯的亮灭。当按键模块处于默认状态时(数值为 1),LED 灯不亮。当按下按键后(数值为 0),LED 灯被点亮。此过程使用流程图表示,如图 2.2.8 所示。

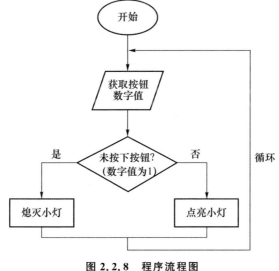

图 2.2.8　程序流程图

这种程序结构称为"选择结构"(也可以叫分支结构)。在 Mixly 软件中,可以从"控制"模块组中拖出"如果…执行…"模块,单击模块中的蓝色齿轮图标打开模块的拓展窗口,添加"否则"指令,如图 2.2.9 所示。

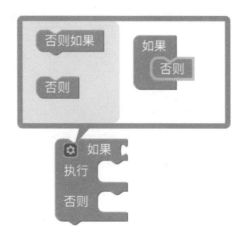

图 2.2.9　Mixly 的选择结构程序

然后再分别从"逻辑"模块组和"数学"模块组中拖出比较模块和数字模块,与输入和输出模块组成程序,如图 2.2.10 所示。

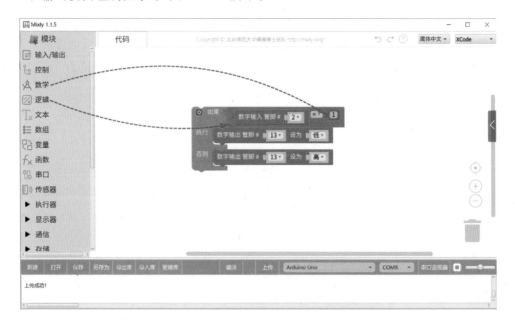

图 2.2.10　按键控制 LED 小灯的程序

上传程序,可以发现,按下按键时,LED 小灯被点亮;松开按键,LED 小灯熄灭。

3. 知识拓展

编写程序的时候经常会遇到需要进行判断的情况,比如"如果按键不按下就熄灭小灯,否则就点亮小灯。"这种"如果…否则…"的程序结构称为选择结构。

选择结构包括单向选择、双向选择以及多向选择,如图 2.2.11 所示。

图 2.2.11　选择结构的 3 种类型

无论哪种类型的选择结构都需要进行判断,即通过判断条件的"真"或"假"来决定是否执行相应的程序。"真"和"假"属于编程数据类型中的布尔类型。Mixly 模块组中的"逻辑"部分,都是关于布尔类型的模块。比如我们用到的"比较模块",它用来比较两个数值的大小关系。单击"＝"右侧的小三角,点开下拉菜单,则可以看到有 6 个比较运算符,如图 2.2.12 所示。

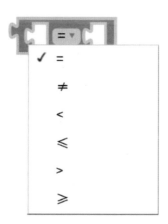

图 2.2.12　比较运算符

自上而下分别是等于、不等于、小于、小于等于、大于和大于等于。其中,小于等于和大于等于不仅可以比较两个数的关系,也可以比较两数是否相等。

Arduino 开源硬件设计及编程

另外，布尔类型的"真"值和"假"值也可以用 1 和 0 表示（在 Arduino 编程中用 "高"和"低"也能表示），如图 2.2.13 所示。

图 2.2.13　真值和假值

4．C 语言学习

图 2.2.10 程序所对应的 C 语言代码如图 2.2.14 所示。

```
1  void setup(){
2    pinMode(2, INPUT);
3    pinMode(13, OUTPUT);
4  }
5
6  void loop(){
7    if (digitalRead(2) == 1) {
8      digitalWrite(13,LOW);
9
10   } else {
11     digitalWrite(13,HIGH);
12
13   }
14
15 }
```

图 2.2.14　按键示例的 C 语言代码

用 C 语言处理数字输入/输出的时候，首先要在 setup 函数中初始化引脚模式。使用到指令为：

```
pinMode(引脚号,模式);
```

其中，引脚号填入 0～13 及 A0～A5；模式使用 INPUT 或 OUTPUT，也可以使用 INPUT_PULLUP 启动 Arduino 控制板的内置上拉电阻，从而将引脚稳定在高电平。因为我们使用的按键模块已经内置了上拉电阻，则无须启动控制板的上拉电阻了。

在本例中，按键接 2 号引脚，它的作用是向控制板输入按键信息，所以设置 2 号引脚的引脚模式是 INPUT。13 号引脚接 LED 小灯，相当于控制板向外输出内容，所以 13 号引脚的引脚模式是 OUTPUT。

注意：使用 Arduino 控制板处理数字输入/输出时必须首先在 setup 函数中初始化引脚模式，否则控制板会出现运行错误。

在程序的 loop 函数中要对按键状态进行判断，使用选择结构的 if 方法。if 方法由判断条件和执行程序组成，代码结构如下：

```
if(判断条件){ 程序 A }else{ 程序 B }
```

其中，判断条件表示的值是布尔类型"真"或"假"。也就是如果判断条件为真，则执行程序 A；否则，执行 else 中的程序 B。

在这个例子中，判断条件是 digitalRead(2) == 1，这是判断按键模块的数字输入值是否为 1。digitalRead(2) 用于读取 2 号引脚的数字输入值。==（双等号）是比较运算符，用于比较双等号两端的值是否相等。若相等，则整个表达式为"真"；不相等，则为"假"。

我们使用的按键模块默认状态下会将 2 号引脚的电平拉高为高电平。digitalRead(2) 读取的数值默认为 1，所以判断条件为真。执行 digitalWrite(13, LOW) 熄灭 LED 小灯。按下按键后，digitalRead(2) 读取的数值为 0，判断条件为假，则执行 else 中的 digitalWrite(13,HIGH) 点亮 LED 小灯。

2.3　可调灯光

前面通过按键传感器学习了 Arduino 控制板的数字量输入方式，并在串口监视器中打印出按键传感器的数字输入值。通过按键可以实现控制小灯的亮灭，但如果想改变小灯的明暗程度要怎么办呢？这就需要学习新的知识——模拟量。电位器就是一个常见的模拟输入装置。本节首先利用串口监视器获取电位器模块的模拟输入值，然后通过电位器控制 LED 小灯的亮度。

1. 基础知识

电位器是一种可变电阻器，由电阻体、转动或者滑动系统组成，靠一个可动触点在电阻体上的移动来获得不同的电量值。很明显，电位器的值是一个连续变化的数值，因此，电位器属于模拟量输入设备，在使用 Arduino 控制板获取这类数值时要使用"模拟输入"代码块。

Arduino 控制板支持模拟输入的引脚在右下角，其标有 ANALOG IN（模拟输入）标志，课程中使用的 UNO 板支持 6 个模拟输入引脚，分别是 A0～A5，如图 2.3.1 所示。

图 2.3.1　UNO 板上的模拟输入引脚

　　Arduino 控制板上模拟输入的值是有一定范围设定的,这个范围是从 0～1 023。也就是说,如果转动电位器的旋钮分别转至最小和最大,那么 Arduino 控制板获取的模拟量数值最小值是 0,最大值是 1 023。

　　还记得之前学过的呼吸灯吗? 呼吸灯是通过 Arduino 控制板的模拟量输出机制——PWM 实现的。在 Arduino 控制板上,支持模拟输出的引脚分别是 3、5、6、9、10 和 11 号引脚,这些模拟输出量的取值范围是从 0～255,和刚刚提到的模拟量输入的取值范围 0～1 023 并不对应。这点要牢记,很多学习 Arduino 的新人都容易混淆模拟输出与模拟输入的取值范围。模拟输出是 0～255,模拟输入是 0～1 023。若想通过旋动电位器来控制 LED 灯的明亮度,则须特别注意它们取值范围的不同,二者之间的关系并不是完全对应的,需要先对这两个数值进行转换,建立起对应关系才可以使用。

2. 动手做一做

　　先把硬件连接好,将电位器模块接到 A0 引脚上,将 LED 小灯模块接在 3 号引脚上,如图 2.3.2 所示。

　　参照上节用串口监视器调试数字输入的方法来调试模拟输入,程序如图 2.3.3所示。

　　上传程序后,打开串口监视器,旋动电位器上的旋钮,则可以看到监视器中数值也随之发生变化,变化范围是从 0～1023。

　　如果此时想让 LED 灯模块可以根据电位器的输入值而发生明暗变化,程序该怎么处理? 程序流程图如图 2.3.4 所示。

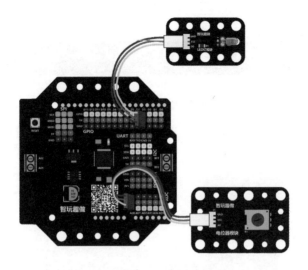

图 2.3.2　硬件连接图

图 2.3.3　串口监视器打印电位器输入值

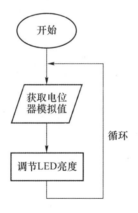

图 2.3.4　通过电位器调节 LED 流程图

从 Mixly 软件的"输入/输出"模块组里面拖出模拟输入模块和模拟输出代码块，组成如图 2.3.5 所示程序。图中将电位器的模拟输入值直接替换到 LED 小灯的模拟输出值(3 号引脚)中。将这个程序上传到控制板中，然后缓慢转动电位器，观察 LED 小灯的变化。

随着电位器的转动，LED 小灯有明暗的变化，但会在达到最亮后突然熄灭，然后又继续变亮。这个过程将重复 4 次。是什么原因呢? 我们会在后面"知识拓展"部分再做深入讨论。

图 2.3.5　直接使用电位器的模拟值

现在先修改之前的程序,在"数学"模块组中拖出算术运算符模块,如图 2.3.6 所示。

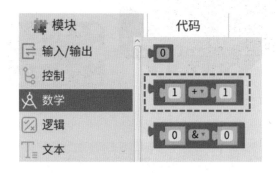

图 2.3.6　算术运算符模块

接下来完成数值的转换,先将模拟输入代码块拖进引脚赋值,再除以 4。这就将数值的变化范围从 0～1 023 缩减至 0～255 之间。程序组合后如图 2.3.7 所示。

图 2.3.7　使用除法转换模拟值的取值范围

上传程序成功后,旋动电位器,LED 小灯便能根据电位器的变化而改变其明暗程度,并且不会出现反复熄灭的现象。

3. 知识拓展

观察图 2.3.5 的程序,如果模拟输出的值直接使用了电位器的模拟输入值,那此时这个值的取值范围是 0～1 023,远远超过了模拟输出值的限定范围(0～255)。该程序在执行时会出现下面这样的情况:当缓慢旋动电位器时,数值在未超过 255 的时候,小灯是逐渐点亮的;但当数值达到 256 的时候,小灯则熄灭;随着数值的继续增大,小灯再依次逐渐加亮,直到 512(256×2)的时候又一次熄灭。

由此可以总结出规律,模拟输出的值范围是 0～255,如果超出这个值,便会重新计算,比如 256 就会重新当作 0 开始计算,周而复始,直至达到最大值。

图 2.3.7 的程序中将电位器的输入值(0~1 023)除以 4,用这种方法得到了近似 0~255 的范围值。这是一种简单解决问题的方法,但计算出来的数值精度不高。其实还有另外一种方法可以很方便地将模拟输入值和模拟输出值的取值范围建立对应关系,这就是“映射”。映射是一种程序指令,方便处理不同取值范围之间的对应关系。

在 Mixly 的“数学”模块组中有一个“映射”代码块,它将模拟输入的值从一个范围(如 0~1 023)对应成另外一个范围(如 0~255),如图 2.3.8 所示。

图 2.3.8　映射模块

使用映射代码块将之前的程序进行改写,如图 2.3.9 所示。

图 2.3.9　使用映射模块的程序

当旋动电位器的旋钮从低位到高位时,LED 小灯的亮度会逐渐点亮。如果想得到相反的效果,比如 LED 小灯的亮度从最亮逐渐熄灭,则只需要改变映射模块的对应关系即可,如图 2.3.10 所示。

图 2.3.10　修改程序的映射关系

4. C 语言学习

图 2.3.7 中程序的 C 语言代码如图 2.3.11 所示。

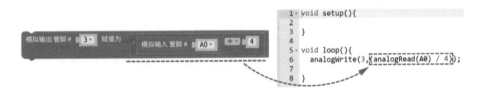

图 2.3.11　模拟输入的 C 语言代码

之前介绍过,Arduino 使用模拟输入和模拟输出时都不需要在 setup 中设置引脚模式(pinMode(引脚号,模式)),所以本程序在 setup 中没有任何程序指令。

loop 通过调用 analogWrite(引脚号、数值)来调节 LED 小灯的 PWM 输出。注意,PWM 输出时只能使用 3、5、6、9、10 和 11 这些带有波浪号(～)的引脚。数值的取值范围是 0～255。但这里想使用电位器的模拟输入值来控制 PWM 输出。于是使用 analogRead(A0)来读取电位器的数值。将这个值除以 4,再作为模拟输出的第二个参数。

也可以使用之前学过的变量来装载电位器的数值,如图 2.3.12 所示。

```
1 void setup() {
2
3 }
4
5 void loop() {
6   int a0_val=analogRead(A0)/4;
7   analogWrite(3,a0_val);
8 }
```

图 2.3.12　使用变量转载模拟输入值

使用一个整型变量 a0_val 转载电位器的模拟输入值,并将这个值除以 4;然后作为模拟输出的第二个参数放置在 analogWrite(3,a0_val)中。

如果使用映射,则其 C 语言代码应该这样写,如图 2.3.13 所示。

```
1 void setup() {
2
3 }
4
5 void loop() {
6   int a0_val=map(analogRead(A0),0,1023,0,255);
7   analogWrite(3,a0_val);
8 }
```

图 2.3.13　使用映射的 C 语言代码

这里是通过 map()方法来实现映射的。map()方法中一共有 5 个参数。第一个参数是要映射的值,也就是电位器的模拟输入值。第二、第三个参数是想映射数据自身的取值范围(如 0～1 023)。第四、第五个参数是想映射的目标取值范围(比如想映射成 0～255 的这个范围)。map()方法会返回映射后的数值,这个数值是个整型数。如果想映射浮点数(小数),则需要自己写方法(自定义函数),这会在后面的课程再详细介绍。

2.4　发出声音

上节通过电位器的学习认识了 Arduino 中模拟量的相关知识,并通过运算公式以及映射两种方式完成了数值范围的对应换算。本节将学习另外一个输出设备——蜂鸣器,制作可以自动演奏的"放声机"。要求使用蜂鸣器来演奏乐曲,并能通过电位器调节乐曲的播放速度。

1. 基础知识

蜂鸣器,顾名思义,是一种可以发出像蜜蜂嗡嗡般鸣叫的设备,分为有源蜂鸣器和无源蜂鸣器。这个"源"并不是指电源,而是振荡源。有源蜂鸣器内部带有振荡源,因此接通直流电后即可以发声。而无源蜂鸣器内部不带振荡源,简单的直流输电是无法令其鸣叫的,需要外部设置振荡源(利用 2~5 kHz 的波形脉冲信号去驱动)。

从外观上区分,有源蜂鸣器比无源蜂鸣器要厚一点。还可以通过测量电阻阻值的方式区分蜂鸣器类型,使用万用表测量蜂鸣器两个针脚的电阻,无源蜂鸣器电阻的测量值是 8 Ω 或者 16 Ω,有源蜂鸣器的电阻通常在几百欧以上。

本节使用无源蜂鸣器完成项目任务,因此需要在 Arduino 控制板编写程序,产生特定的频率信号来作为外部振荡源使蜂鸣器发声。

2. 动手做一做

将蜂鸣器模块接在 4 号引脚上,再在 A0 引脚上接一个电位器,如图 2.4.1 所示。

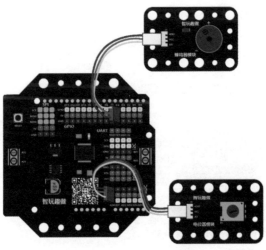

图 2.4.1　硬件模块连线图

打开 Mixly 编程软件,选择好板型和端口号。在左侧的"模块"组中选择"执行器",拖出"播放声音"代码块,如图 2.4.2 所示。

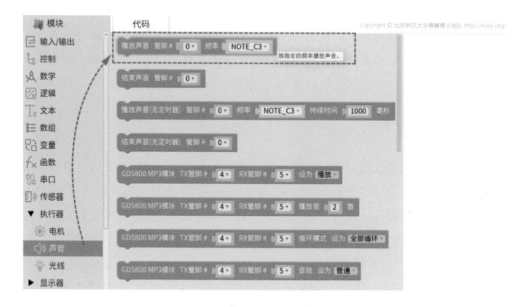

图 2.4.2　播放声音模块

设定引脚号为 4 号后上传程序,就能听见蜂鸣器发出"嗡嗡"的声音了。这个"嗡嗡"声是由频率决定的,不同的频率发出的声音也不相同,这方面的知识会在"知识拓展"中再进一步讨论。现在可以尝试选择不同的频率,听听蜂鸣器的声音效果有何不同。

图 2.4.3　结束声音模块

如果想停止蜂鸣器发声,则可以使用"执行器"模块组里面的"结束声音"代码块,如图 2.4.3 所示。

如果想蜂鸣器实现间歇性鸣叫的效果,如间隔一秒响一声,这段程序要怎么写呢?如图 2.4.4 所示。

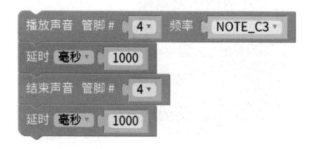

图 2.4.4　蜂鸣器间歇鸣叫

也可以利用蜂鸣器演奏不同的乐曲,比如下面的例子演奏的是大家耳熟能详的"欢乐颂",如图 2.4.5 所示。

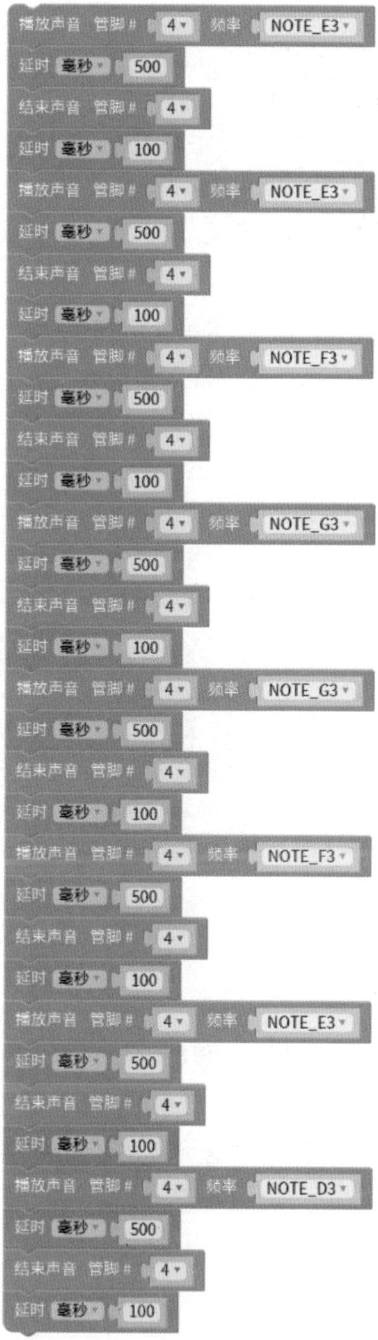

图 2.4.5　蜂鸣器演奏欢乐颂

这个程序看上去比较繁琐,其实是由 8 个结构相似的程序指令组合的。每个组合发出一个音,如发 Mi 音的程序如图 2.4.6 所示。

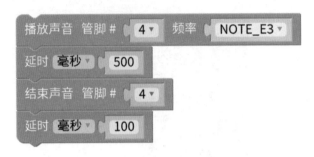

图 2.4.6　蜂鸣器发出 Mi 音

这种结构相似的程序指令可以使用自定义函数来实现,从 Mixly 右侧的模组区的"函数"中拖拽出"自定义函数"模块,如图 2.4.7 所示。

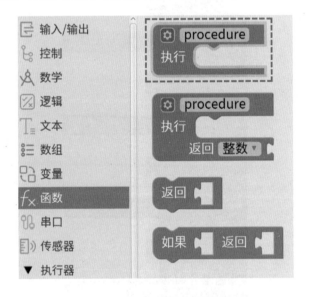

图 2.4.7　使用自定义函数

修改函数的名字(比如叫 sound),然后单击函数模块左侧的齿轮图标,在弹出的窗口中将"参数"拖拽进函数体中,这样这个函数就允许使用一个参数了,如图 2.4.8 所示。

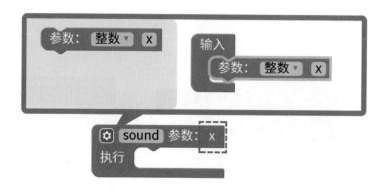

图 2.4.8　设置参数

将音乐程序指令放入这个函数中,其中发音的部分要用变量代替,如图 2.4.9 所示。

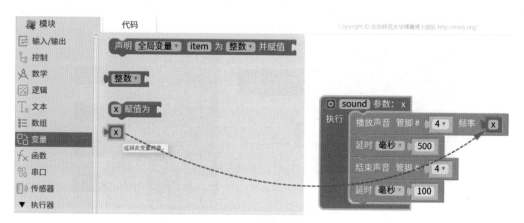

图 2.4.9　函数中使用参数

设置自定义函数相当于为程序准备了一个"模型",对于大量重复执行的代码,这个"模型"就相当有用。但"模型"设置好以后并不会被启用。只有调用这个"模型"时才会执行其中的程序,这个过程称为执行函数,如图 2.4.10 所示。

将这个程序上传后,则听到蜂鸣器发出类似"Do"的声音,这是因为我们执行了 sound 函数,并将 Do 的声音频率(523)通过参数的形式传递给播放声音的模块去执行(常见声音频率为 Do 523、Re 587、Mi 659、Fa 698、So 784、La 880、Si 988)。

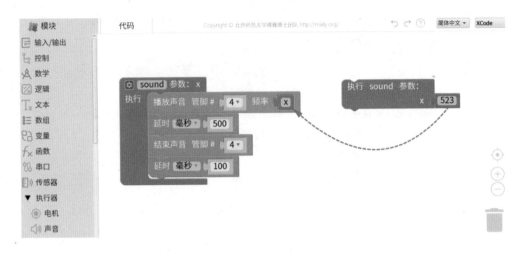

图 2.4.10　执行函数并传递参数

将"欢乐颂"的曲调补齐,如图 2.4.11 所示。

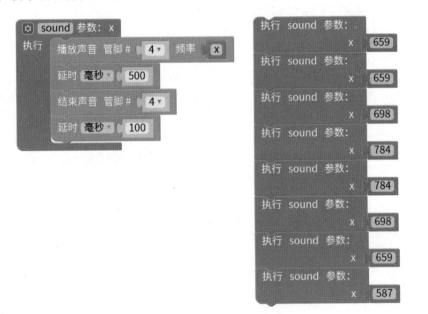

图 2.4.11　使用函数演奏欢乐颂

将电位器的模拟量带入函数中,就实现通过电位器控制声音时间,如图 2.4.12 所示。

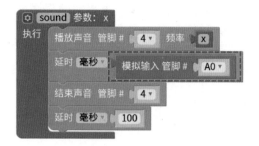
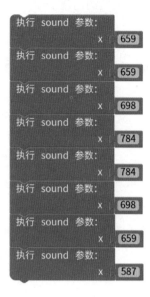

图 2.4.12　使用电位器控制发音时间

3. 知识拓展

声音是由振动产生的,不同的振动频率会产生不同的声音,形成如"do、re、mi、fa、sol、la、si"这样的音调(唱名),它们对应的字母是"C、D、E、F、G、A、B"(音名),简谱中用"1、2、3、4、5、6"表示。常见的 88 键钢琴,它的音调频率是从 28～4 186,如图 2.4.13 所示。

	0	1	2	3	4	5	6	7	8
C	16	33	65	131	262	523	1046	2093	4186
C#	17	35	69	139	277	554	1109	2217	4435
D	18	37	73	147	294	587	1175	2349	4699
D#	19	39	78	156	311	622	1245	2489	4978
E	21	41	82	165	330	659	1319	2637	5274
F	22	44	87	175	349	698	1397	2794	5588
F#	23	46	93	185	370	740	1480	2960	5920
G	25	49	98	196	392	784	1568	3236	6272
G#	26	52	104	208	415	831	1661	3322	6645
A	28	55	110	220	440标音	880	1760	3520	7040
A#	29	58	117	233	466	932	1864	3729	7459
B	31	62	123	247	493	988	1976	3951	7902

图 2.4.13　音调频率表

对照欢乐颂的简谱(见图 2.4.14),就可以为蜂鸣器编写相应的程序,如数组中的频率值。

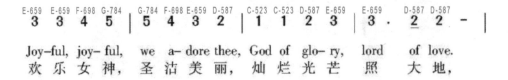

图 2.4.14 欢乐颂简谱

对于乐理更深入的知识,有兴趣的读者可以自行查阅相关资料。

在使用函数时要注意,函数分为带返回值的函数和不带返回值的函数。带返回值意思是函数在执行完其中的程序指令后可以将计算结果返回给执行函数的部分。如图 2.4.15 所示程序中,串口监视器可以打印出自定义函数的计算结果(显示 101)。

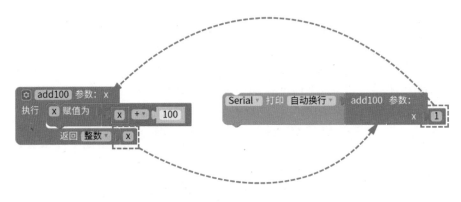

图 2.4.15 函数的返回值

另外,设置函数参数以及返回值的时候,要明确数据类型;如果设置了整型参数或者整型返回值,但其实是其他数据类型的数,则可能造成程序执行上的混乱。学习编程的初期,一定要注意数据类型的一致性。

4. C 语言学习

查看播放声音和停止声音的 C 语言代码,如图 2.4.16 所示。

播放声音的 C 语言代码是"tone(4,131);",其中,括号中的内容称为参数,这里有两个参数,第一个参数 4 是蜂鸣器所接的引脚号,第二个参数 131 是指频率的大小。使用 tone 函数的时候要在 setup 中设置蜂鸣器引脚的模式为 OUTPUT。停止声音的代码是"noTone(4);",这个函数只有一个参数,就是蜂鸣器的引脚号。

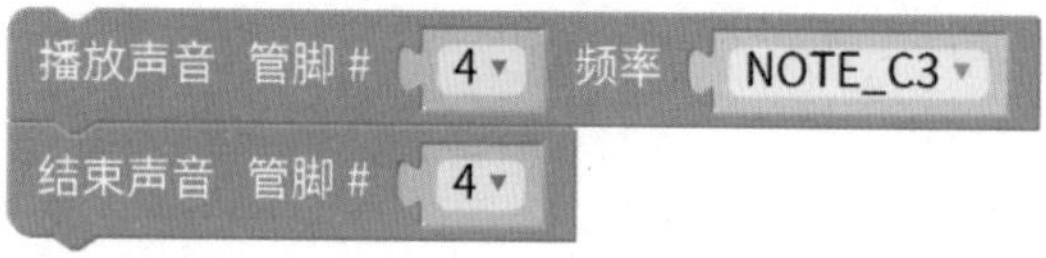

```
1  void setup(){
2    pinMode(4, OUTPUT);
3  }
4
5  void loop(){
6    tone(4,131);
7    noTone(4);
8
9  }
```

图 2.4.16　声音相关的 C 语言代码

tone 函数其实可以有第三个参数（选用），这个参数是声音的持续时间，单位是毫秒，如图 2.4.17 所示。

```
1  void setup() {
2    pinMode(4,OUTPUT);
3    //声音持续5秒后停止
4    tone(4,131,5000);
5  }
6
7  void loop() {
8
9  }
```

图 2.4.17　tone 函数的第三个参数

注意，使用第三个参数时，声音持续过程中 tone 函数之后的程序指令会继续执行，这和使用 delay 暂停时间不同。使用 delay 暂停时间需要等待声音停止后，后续程序指令才会继续执行，如图 2.4.18 所示。

使用蜂鸣器演奏复杂乐曲的时候，经常使用自定义函数将结构相似的代码段"封装"起来，如图 2.4.19 所示。

自定义函数为程序提供了一个"参考模板"，其中的程序指令只有在调用这个自定义函数时才被使用。在声明自定义函数的时候要考虑这个函数是否有返回值。如果没有返回值，要用 void 标记。如果要有返回值，就要用返回值的数据类型来标记。如图 2.4.20 所示，程序自定义函数将返回一个整型数，所以就需要用 int 来标记函数。

```
1 void setup() {
2   Serial.begin(9600);    //打开串口监视器
3   pinMode(4,OUTPUT);     //设置蜂鸣器管脚模式
4   tone(4,131,5000);      //发声持续5秒
5   Serial.println(0);     //发声过程中，串口监视即刻打印出0
6 /*
7   以使用tone第三个参数和使用delay不同
8     tone(4,131);         //发声
9     delay(5000);         //持续5秒
10    onTone(4);           //停止发声
11    Serial.println(0);   //发声5秒后才打印0
12 */
13 }
14
15 void loop() {
16
17 }
```

图 2.4.18   tone 函数第三个参数和 delay 的区别

```
1 void setup() {
2   pinMode(4,OUTPUT);//设置蜂鸣器管脚模式
3 }
4
5 void loop() {
6   sound(659);            //调用sound函数
7 }
8
9 //自定义函数sound
10 void sound(int x){
11    tone(4,x);    //发声,频率使用参数x
12    delay(500);   //持续500毫秒
13    noTone(4);    //停止发声
14    delay(100);   //声音间隔100毫秒
15 }
```

图 2.4.19   使用自定义函数

```
1 void setup() {
2   Serial.begin(9600);  //打开串口监视器
3 }
4
5 void loop() {
6   int i=add100(1);     //调用函数，将函数返回值赋给i
7   Serial.println(i);   //打印出来101
8 }
9
10 //自定义函数有返回值，用int标记
11 int add100(int x){
12   return x+100;        //返回加100后的值
13 }
```

图 2.4.20   带返回值的自定义函数

2.5　小台灯

通过前面课程的学习,读者认识了 LED、蜂鸣器这样的输出设备,也认识了按键、电位器这样的输入设备,掌握了 Arduino 对数字信号和模拟信号的处理方式。在编程知识中,我们学习了顺序结构、选择结构与循环结构的编程方法,认识了什么是变量以及变量的数据结构、作用域,学习了自定义函数的使用。本节将综合使用以上知识,制作一个小台灯,要求如下:

➢ 按一下按键点亮 LED 小灯;

➢ 再按一下熄灭 LED 小灯;

➢ 通过电位器调节 LED 小灯的亮度。

1. 基础知识

这个项目有两个难点,一个是按键在硬件层面有种"抖动"现象,大家可以想象一下,将时间放缓 100 倍,在缓慢按下按键这个过程中,按键底部的金属片在接触的一瞬间会像钢板那样抖动起来,这个过程相当于按键数次按下与抬起,直到按键完全按下为止。这就是抖动现象,我们要用一种机制来消除抖动。

另外一个难点是如何在两次按下按键的过程中切换设备的状态。按键模块在默认状态下是将引脚的电平拉高为高电平,也就是数字值 1。当按下按键后,这个值变为 0,可松开按键后这个值又会变成 1。如果想通过按键切换设备的状态,则需要有一个机制记录按键。比如可以设置一个布尔型变量,第一次按键后这个变量变为"真",第二次按键后这个变量变为"假"。设备通过判断这个布尔型变量的真假值来切换状态。

2. 动手做一做

将按键传感器接在 2 号引脚上,LED 灯模块接在 9 号引脚上,电位器接在 A0 引脚上,如图 2.5.1 所示。

首先测试按键的抖动现象,编写一个程序,如果按键按下,变量值增加 1,用串口监视器打印这个变量,如图 2.5.2 所示。

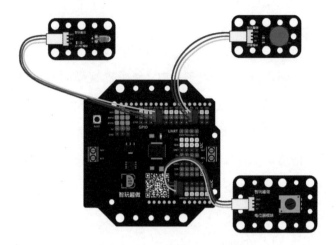

图 2.5.1 模块连线示意图

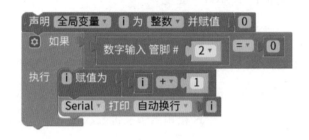

图 2.5.2 测试按键的抖动现象

上传程序,打开串口监视器,按一下按键,看看打印出来的数值是不是 1,如图 2.5.3 所示。

图 2.5.3 串口监视器打印数值

从串口监视器打印的数值就能得知,在按下按键的一瞬间,按键发生了抖动现象,开关了多次,从而导致变量 i 的值增加很多。

因此就要为按键消抖,方法有很多种,但思路无非是通过多次侦测按下按键的电平是否稳定来实现(抖动现象最多也就持续 20 ms)。这里将完整的按键过程分为按下并抬起这两个部分。设置两个布尔类型变量(isDown 和 isUp),当按键按下后 isDown 变为真值,此后按键抬起 isUp 也变为真值(前提是此时按键是抬起状态并且曾经按下过按键,也就是 isDown 是真值),如图 2.5.4 所示。

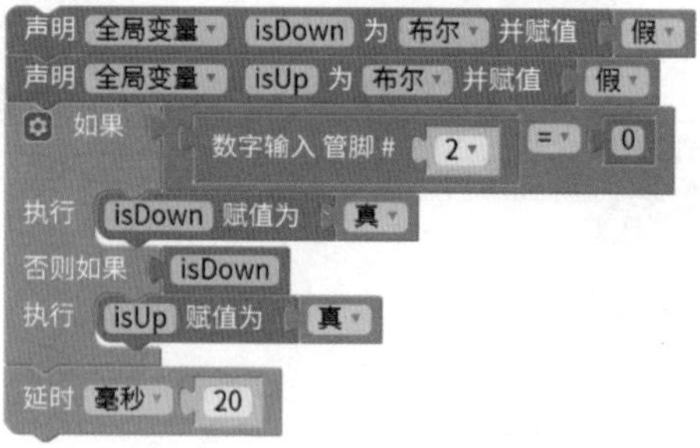

图 2.5.4　通过按下与抬起两个状态消除按键抖动

其中,"否则如果 isDown"部分相当于"如果按键抬起并且 isDown 是真"这样的条件。

当 isDown 和 isUp 都是真后,表示按键经过了按下并抬起这个完整过程,就可以执行其他操作了,比如将变量 i 增加 1,如图 2.5.5 所示。

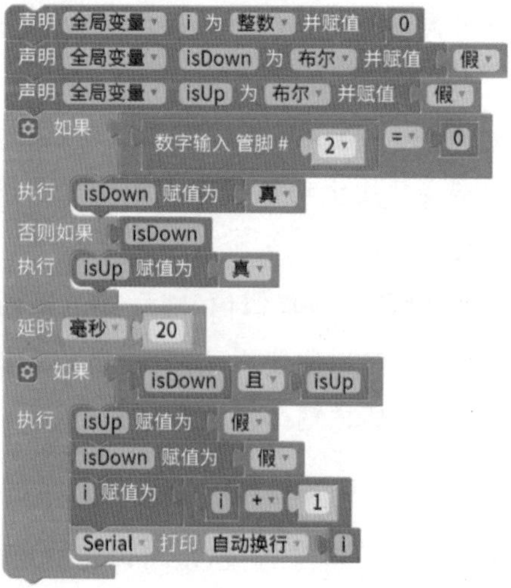

图 2.5.5　按下按键并抬起变量 i 增加 1

注意,在判断完 isDown 和 isUp 都为真后,需要再将这两个变量设置为假,以便下次按键使用。上传程序,打开串口监视器,按下按键,变量 i 就不会像之前那样一下增加很多值了。

也可以将这段代码编写为自定义函数,当按键完成一次按键过程后,这个自定义函数会返回真值,否则就返回假值。这样直接判断这个自定义函数就可以了,如图2.5.6 所示。

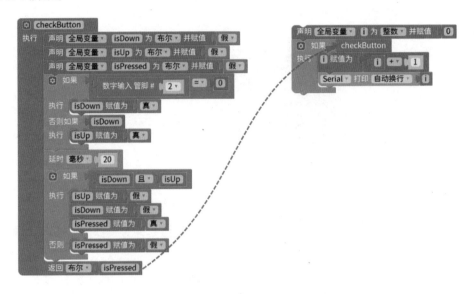

图 2.5.6　使用自定义函数检测按键状态

读者务必熟练这个自定义函数的使用,后续许多要用按键的项目上都可以使用这个自定义函数。

回到我们的项目上来,如果希望按一下按键播放声音,再按一下按键停止发声,则需要再准备一个布尔类型变量用于切换状态。如按一下按键这个变量变为假,再按一下变为真,依此反复,程序如图2.5.7 所示。

通过按键切换布尔型变量 flag 的真假值,然后通过判断 flag 来控制 LED 小灯的亮灭。其中,LED 小灯的模拟输出值使用映射,将电位器的模拟量从 0~1 023 映射成 50~255。熄灭小灯的时候模拟输出值设为 0 即可。

3. C 语言学习

本项目使用自定义函数检测按键是否按过,可以将按键的完整过程分解为按下后抬起。我们用布尔型变量 isDown 标识按下的状态,如果按下了,则这个变量就为真。用 isUp 标识抬起状态,如果按键经过按下(此时 isDown 为真)后又抬起,则这

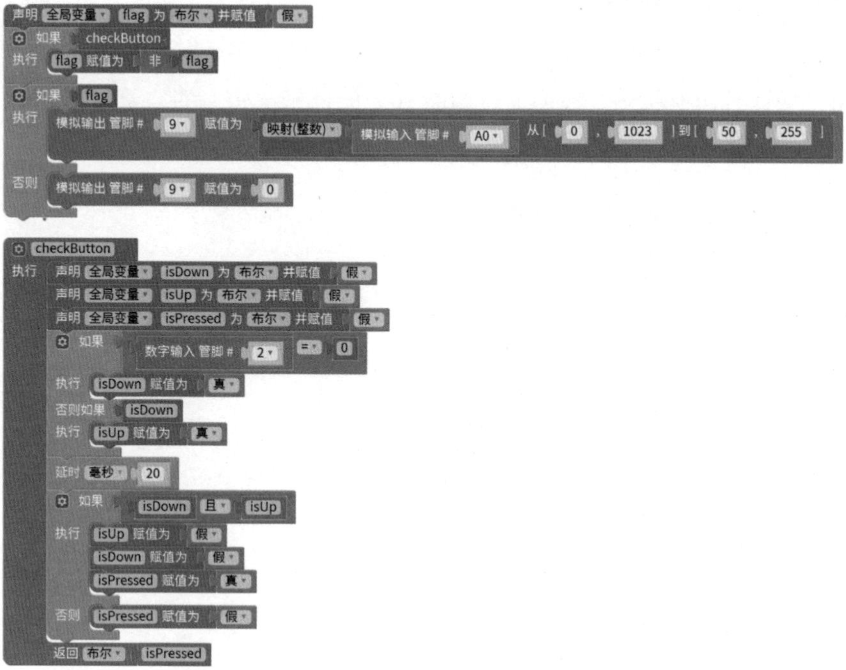

图 2.5.7　使用布尔变量切换状态

个变量也设为真。只有这两个变量都为真的时候，才表示按键经过了一次按下后抬起的过程。为了防止抖动现象，需要在按下与抬起之间相隔 20 ms。相关程序如图 2.5.8 所示。

```
1 bool isDown=false;        //标识按下按键
2 bool isUp=false;          //标识松开按键
3
4 void setup() {
5   pinMode(2,INPUT);        //按键接2号管脚
6 }
7
8 void loop() {
9   if(digitalRead(2)==0){   //当按下按键时
10    isDown=true;           //isDown设为真
11  }else if(isDown){        //否则(松开后digitalRead(2)为1)且isDown是真
12    isUp=true;             //isUp设为真
13  }
14  delay(20);               //消抖
15  if(isDown && isUp){      //只有当两个变量都为真表示按过按键
16    //按过按键后执行的程序
17
18    isDown=false;          //重置两个变量为假
19    isUp=false;
20  }else{
21    //没按过按键执行的程序
22
23  }
24 }
25
```

图 2.5.8　检测按键状态的 C 语言代码

可以将检测按键的程序使用自定义函数表示。这个自定义函数要返回布尔类型值,也就是如果按过按键,返回真,否则返回假。同时,还要设置一个布尔型变量 flag,用于按键后切换状态。程序通过判断 flag 的值来决定是否点亮或者熄灭小灯,如图 2.5.9 所示。

```
1 bool isDown=false;          //标识按下按键
2 bool isUp=false;            //标识松开按键
3 bool isPress=false;         //标识是否按过按键
4 bool flag=false;            //flag状态决定是否点亮小灯
5 void setup() {
6   pinMode(2,INPUT);         //按键接2号管脚
7 }
8
9 void loop() {
10    int val=map(analogWrite(A0),0,1023,50,255); //映射电位器的模拟量
11    if(checkButton){                            //调用自定义函数检测是否按过按键
12      flag=!flag;                               //按键切换flag状态
13    }
14    if(flag){                                   //当flag为真时点亮小灯,否则熄灭小灯
15      analogWrite(9,val);
16    }else{
17      analogWrite(9,0);
18    }
19 }
20
21 bool checkButton(){         //自定义函数检测是否按过按键
22    if(digitalRead(2)==0){   //当按下按键时
23      isDown=true;           //isDown设为真
24    }else if(isDown){        //否则(松开后digitalRead(2)为1)且isDown是真
25      isUp=true;             //isUp设为真
26    }
27    delay(20);               //消抖
28    if(isDown && isUp){      //只有当两个变量都为真表示按过按键
29      isPress=true;          //设置isPress为真
30      isDown=false;          //重置两个变量为假
31      isUp=false;
32    }else{
33      isPress=false;         //没按过按键设置isPress为假
34    }
35    return isPress;          //返回isPress
36 }
```

图 2.5.9　完整的程序代码

2.6　舵机的使用

前面通过一部分传感器(按钮、电位器)和执行器(LED、蜂鸣器)的学习,可以使我们的电子作品既能发光也能发声。本节介绍一个能让电子作品"动起来"的设备,这就是舵机。本节将通过电位器控制舵机的旋动。

1. 基础知识

舵机是电机的一种类型,又称为伺服电机,在航模、小型机器人身上经常能看到它的身影。舵机不像普通的电机那样只会转圈圈,它可以在一定的角度范围内转动并精准地停下来。如果希望自己制作的作品严格按照某个角度范围运动,舵机会是不二的选择。本项目使用的舵机共有 3 根线,红色的线是电源线,棕色的线为地线,橙色的线是控制线,如图 2.6.1 所示。

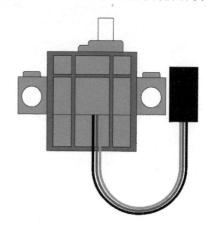

图 2.6.1　舵机

2. 动手做一做

先把舵机接在 Arduino 控制板数字引脚上,接在 2 号引脚。另外,要求旋动电位器的旋钮时,舵机也同步转动,从而达到通过电位器控制舵机动作的目的。将电位器接在 A0 引脚上,如图 2.6.2 所示。

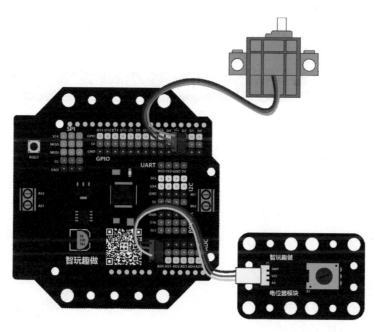

图 2.6.2　硬件连线图

打开 Mixly 软件,选择好板型和端口号。从"模块"组的"执行器→电机"中拖出舵机模块,如图 2.6.3 所示。

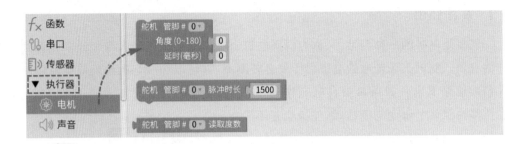

图 2.6.3　舵机程序模块

在这个模块中,引脚指舵机连接在 Arduino 板上的引脚号。角度指舵机转到的角度。延时指舵机在转动过程中要占用的一段时间,单位是 ms。

这里将引脚号设置为 2,角度设置为 90°,延时设置为 200 ms。

上传程序,则舵机转动一下然后停止在某个位置。这个位置是由舵机模块中"角度"的数值决定的(本例中是 90°),这个值的一般范围在 0~180°之间。如果可以实时更改这个值,那么舵机就可以随之转动。

电位器的值可以不断变化,我们是不是可以通过电位器控制舵机呢? 完全可以! 将电位器的数值映射在 0~180 之间,然后代入到舵机的角度值中,程序如图 2.6.4 所示。

图 2.6.4　程序图

3. 知识拓展

舵机的转动都是有一定角度的,虽然大部分舵机都是在 0~180°之间转动,但也有一些舵机转动的角度并不相同,比如有 0~270°之间转动的、也有 0~360°之间转动的。这个例子中使用的可以兼容乐高插拔的舵机其实转动范围是 0~270°。如果在程序中设置舵机角度为 180°,那么实际上这个舵机是会转到接近 270°的。

而在 Arduino 编程中,舵机角度值只能取 0~180 之间,其实相当于让舵机从 0 转到它的最大角度。我们这个舵机就是 270°了,这样会造成项目开发上的混乱。因此,最好将舵机转动的实际角度和编程中的角度一致。比如在程序中传入 180,舵机实际就转到 180°。

我们可以编写一个带返回值的自定义函数,将取值范围做一次映射,就能解决这个问题,如图 2.6.5 所示。

图 2.6.5　使用映射转换舵机角度值

当舵机程序中传入 180 时,则希望舵机真的转到 180°(而不是转到 270°)。这个角度值会经过自定义函数 servo_angle 进行处理,将角度值依照映射关系换算成合适的数值。比如 180 会被映射成大概 120。而我们的舵机如果传入 120,就能实际转动到 180°的位置。

将之前通过电位器控制舵机的程序使用这个方法进行转换,如图 2.6.6 所示。

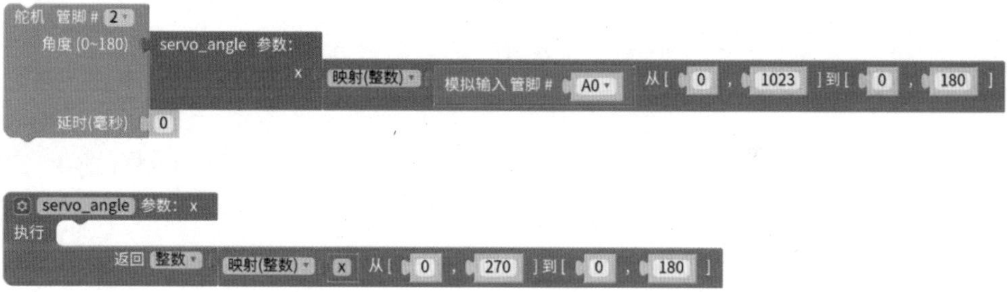

图 2.6.6　完善后的程序

4. C 语言学习

舵机模块对应的 C 语言代码如图 2.6.7 所示。

使用 C 语言控制舵机时,需要首先调用一个外部的库,如#include <Servo.h>。Servo.h 是控制舵机的库文件,其中预先编写了许多复杂的、用来操控舵机的代码,并通过 ♯include ＜…＞ 在程序中加载这些文件。我们不需要了解库中具体的代码是如何编写的,只要遵守一定的代码调用方法就能很方便地操控舵机了。比如第 4 行的 Servo servo_2 声明了一个叫 servo_2 的 Servo 对象(Servo 是舵机的意思)。servo_2 其实可以随便取名字,就像变量一样。比如可以写成 Servo ms,这样 ms 就是舵机对象了。关于对象的知识比较复杂,本书不展开讲解,可以先简单理解为某一功能的程序集合(如串口监视器对象、舵机对象等),现在能使用它就可以了。

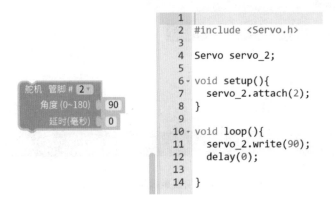

```
1
2  #include <Servo.h>
3
4  Servo servo_2;
5
6▾ void setup(){
7      servo_2.attach(2);
8  }
9
10▾ void loop(){
11     servo_2.write(90);
12     delay(0);
13
14 }
```

舵机 管脚 # 2
角度 (0~180) 90
延时(毫秒) 0

图 2.6.7　C 语言代码

setup 函数通过"servo_2.attach(2);"将 2 号引脚分配给舵机使用(也可以写成"ms.attach(2);")。loop 函数通过"servo_2.write(90);"将舵机的角度设定为 90°,这个值是可以根据项目需求改变的。最后,通过"delay(0);"延时一段时间(等待舵机转动到指定角度),这里填 0 就是不需要延时。

2.7　接近感知

很多工程项目中需要感知物体是否接近,比如移动中的机器人要避开前方障碍物、流水线上的机械臂要将接近的包裹抓起、自动风扇在有人走近时自动开启等。本节课将学习两个用于感知物体接近的传感器——避障传感器和超声波传感器,并且制作一个接近报警器。

1. 基础知识

避障传感器和超声波传感器都可以用于感知物体接近,但二者的工作机制不同。避障传感器有两个二极管,一个负责发送红外信号,另外一个负责接收红外信号。当前方障碍物距离较近时,红外信号会被反射回来,以此感知前方是否有障碍物。但这个感知距离只有 2～30 cm,且受外部环境(如光线、障碍物颜色)的影响比较多。超声波传感器则是通过发送声波来探知前方障碍物,比红外线的方式抗干扰能力强,探测距离相对较远,在 2～450 cm。

2. 动手做一做

避障传感器属于数字输入模块,我们用三色杜邦线把它接在拓展板的 2 号引脚上,如图 2.7.1 所示。

图 2.7.1　避障传感器连线图

超声波传感器有一点不同,它需要和转接板配合使用。连线时要特别注意,它有 4 个引脚,分别是 GND(对应黑色线)、VCC(对应红色线)、ECHO(对应黄色线)、TRIG(对应蓝色线)。将四色杜邦线接在转接板上,然后将蓝色线接在拓展板的 3 号引脚上,黄色线接在 4 号引脚上,红色线可以接任何红色的引脚(比如 4 号引脚的红色脚针上),黑色线接在任何黑色的引脚上(比如 4 号引脚的黑色脚针上),如图 2.7.2 所示。

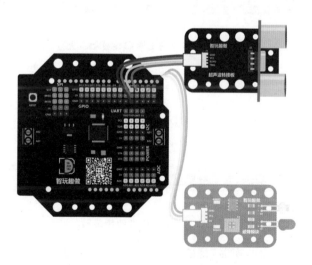

图 2.7.2　超声波传感器连线图

把蜂鸣器和 LED 灯模块分别接 12 号引脚和 13 号引脚上,最终接线图如图 2.7.3 所示(因为线缆较多,这里仅用黄色数据线标识接线方法)。

首先来调试避障传感器。打开 Mixly 软件,选择好板型和端口号,拖出串口监视

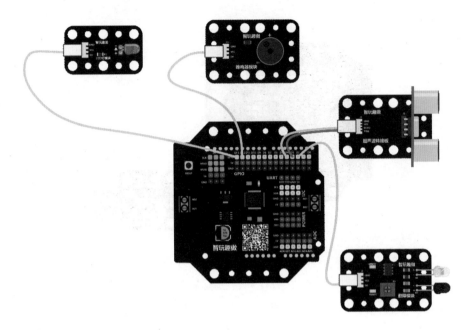

图 2.7.3　硬件连线图

器模块和数字输入模块,如图 2.7.4 所示。

图 2.7.4　调试避障传感器

上传程序,打开串口监视器,则能看见不断输出数字 1;如果把避障传感器靠近障碍物,则这个值就会变成 0。

超声波传感器稍微复杂一点,我们从"传感器"模块组里面拖出超声波模块,将 Trig 引脚设定为 3,Echo 引脚设定为 4,如图 2.7.5 所示。

图 2.7.5　调试超声波传感器

上传程序,打开串口监视器,则能看到超声波传感器返回的数值,这是与前方障碍物的距离。这个数值是保留两位小数的,如果只想获取整数值,则可以使用"数学"模块组中的"取整"模块,如图 2.7.6 所示。

下面制作一个项目——接近报警器,要求物体接近到一定范围时,指示灯亮起,同时蜂鸣器开始发声。用流程图表示这个程序逻辑,如图 2.7.7 所示。

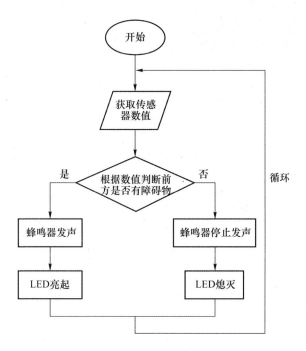

图 2.7.6　使用取整模块

图 2.7.7　项目流程图

这个项目使用避障模块和超声波模块的程序示例分别如图 2.7.8、图 2.7.9 所示。

图 2.7.8　使用避障模块程序

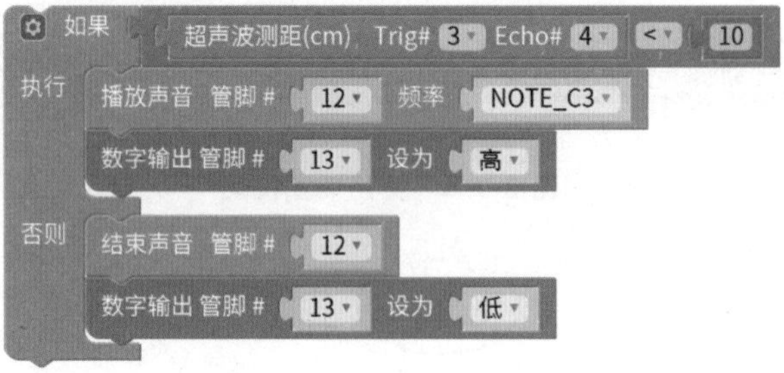

图 2.7.9　使用超声波模块程序

3. 知识拓展

先简单介绍一下超声波传感器的工作机制。超声波传感器上有两个比较特殊的针脚,分别叫 Trig 和 Echo。Trig 是触发的意思,在超声波传感器的一个工作周期里,向 Trig 针脚输入 10 μs 以上的高电平,传感器就会向外发送声波(8 个 40 kHz 的方波)。此时,Echo 引脚会从低电平变成高电平,直到接收到声波的返回或者一段时间后变回低电平。计算这段高电平持续的时间就能推算出前方障碍物的距离。当然,这个过程还是有些复杂的,在图形化编程里,复杂的计算过程都封装在一个模块里面,我们只需要会调用这个模块就可以了。

4. C 语言学习

超声波模块的 C 语言代码如图 2.7.10 所示。这个程序使用了一个自定义函数

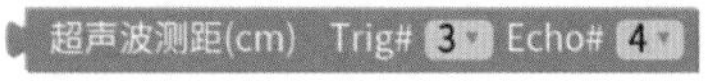

```
1  float checkdistance_3_4() {
2      digitalWrite(3, LOW);
3      delayMicroseconds(2);
4      digitalWrite(3, HIGH);
5      delayMicroseconds(10);
6      digitalWrite(3, LOW);
7      float distance = pulseIn(4, HIGH) / 58.00;
8      delay(10);
9      return distance;
10 }
11
12 void setup(){
13     pinMode(3, OUTPUT);
14     pinMode(4, INPUT);
15 }
16
17 void loop(){
18     checkdistance_3_4();
19
20 }
```

图 2.7.10　超声波模块对应的 C 语言

checkdistance_3_4()来处理超声波获取的距离值。第 1～10 行是函数的定义,真正调用函数的位置是在 loop 中(第 18 行)。在 Arduino 的 C 语言编程中,setup 和 loop 函数必须存在,其中,setup 函数负责程序的初始化工作,在这个例子中,3 号引脚(接 Trig)设置为输出,4 号引脚(接 Echo)设置为输入。loop 中调用了自定义函数获取距离值。自定义函数 checkdistance_3_4() 是被设计成带有返回值的(自定义函数是否带有返回值要程序员根据自己的逻辑需求自行决定)。如果带有返回值,则意味着在调用这个函数的部分时,其值就相当于返回值。

编写带有返回值的自定义函数时,要预估返回的值是哪种数据类型的,比如在这个例子中,返回的距离值可能带有小数,所以这个返回值可以设计成浮点类型(float)。这就需要在编写自定义函数一开始定义好数据类型,如第一行中的 `1 float checkdistance_3_4() {` 。

这个自定义函数中第 2 行和第 3 行主要是将 3 号引脚设置成低电平(3 号引脚接 Trig)并等待 2 μs,然后拉高成高电平并持续 10 μs。前面介绍过,向 Trig 针脚输入 10 μs 以上的高电平,传感器就会向外发送声波(8 个 40 kHz 的方波)。所以这部分代码就是用来激活超声波的。当超声波发出后,接 Echo 的 4 号引脚会从低电平变为高电平,直到超声波返回或间隔了一段时间后。这段时间可以通过 pulseIn(4, HIGH)获取,pulseIn()是系统函数,用来计算某个引脚在一段脉冲中持续的时间(从低电平变成高电平再变回低电平是一段脉冲)。它的单位是 μs,我们把这个值再除以 58 就能得到障碍物的距离(单位是 cm)。

为什么是除以 58 呢?这是因为声音在空气中的速度是 343 m/s,相当于 0.0343 cm/μs,依此推导出来声音走 1 cm 要用 29.15 μs。但传感器是要经过去程和回程两段路,相当于 1 cm 的距离,声音要用两份时间,也就是 1 cm 的距离要用 58.30 μs,约为 58 μs。因此,要把脉冲持续时间(单位 μs)再除以 58 才得到距离值。

2.8 倒车雷达

驾驶汽车时经常会遇到需要倒车的场景,如果汽车安装了倒车雷达,便可以更好地控制倒车动作。倒车雷达能感知汽车后方障碍物的距离,如果障碍物距离过近,倒车雷达会发出"嘟…嘟…"的报警声,随着障碍物距离越来越近,报警声也会更加急促。本节就来制作一个倒车雷达。

1. 基础知识

倒车雷达要使用超声波传感器感知前方障碍物的距离,假设障碍物距离我们比较远,如大于 30 cm,则倒车雷达不会发出任何报警声。如果障碍物的距离拉近,倒车雷达开始发出"嘟…嘟…"的声音,刚开始发出的声音间隔时间较长,随着距离越来越近,"嘟…嘟…"声会变得更加急促。例如,在距离 20~30 cm 之间时,声音的间隔可以是 1 s;在距离 10~20 cm 之间,声音的间隔是 0.6 s;在距离 3~10 cm 之间时,声音的间隔是 0.2 s;而在小于 3 cm(非常接近障碍物)时,警报声则会变成长鸣。

2. 动手做一做

首先,将超声波传感器和四色杜邦线连接,其中,蓝色线对应 Trig,黄色线对应 Echo。再将杜邦线的另外一端连接在拓展板上,其中,蓝色线与 3 号引脚相连,黄色线与 4 号引脚相连。黑色线和红色线接在对应颜色的任意引脚上即可。最后,将蜂鸣器与 5 号引脚相连,如图 2.8.1 所示。

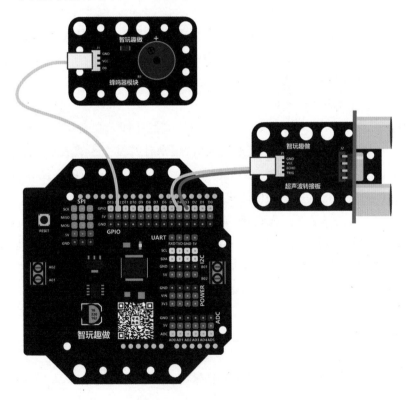

图 2.8.1 传感器连线图

我们一开始就讨论过倒车雷达的工作方式,如距离障碍物 20~30 cm 开始发出"嘟嘟"声,间隔时间是 1 s,10~20 cm 时"嘟嘟"声的间隔时间变为 0.6 s,3~10 cm 时"嘟嘟"声间隔时间为 0.2 s;小于 3 cm 则开始长鸣。程序如图 2.8.2 所示。

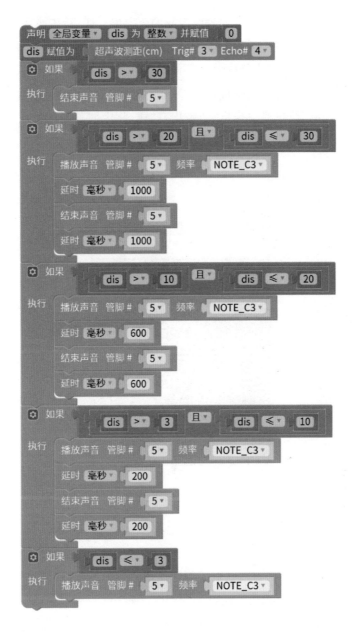

图 2.8.2　程序图示

将程序上传,便实现了当障碍物靠近倒车雷达时,蜂鸣器会发出"嘟嘟"的声音；随着障碍物逐渐接近,"嘟嘟"声会变得更加急促。

3. 知识拓展

程序中的第一行声明了一个叫 dis 的整型变量,并初始化值为 0。这个变量是为

Arduino 开源硬件设计及编程

了装载接下来超声波传感器所获取的障碍物的距离值。注意,声明变量仅执行一次,属于非重复执行。而程序中的第二行将变量赋值超声波传感器所获取的障碍物的距离值,这个程序是自动重复执行的。

有的编程爱好者会将非重复执行的程序用初始化模块包裹起来,以区分重复执行的部分。从"控制"模块组中拖出"初始化"模块,将声明变量的程序放在初始化模块中,如图 2.8.3 所示。

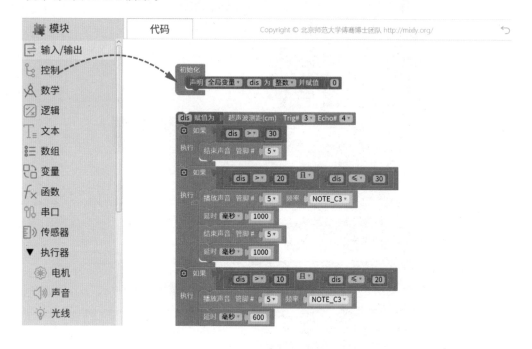

图 2.8.3　初始化模块的使用

增加"初始化"模块的设置与之前编程语句的效果是一样的,优点是看上去更加明确和直观。

变量 dis 通过"赋值"的方式获取了超声波传感器的值,之后通过判断 dis 值所处的区间范围来控制蜂鸣器发出不同效果的声音。如"dis>30"的含义是:当前方障碍物的距离大于 30 cm 的时候,则结束发声。若想判断一个数值是否在某个区间,如 dis 的值是否在 20～30 cm 之间,则不能简单地使用"20<dis<30"这样的表达式,而是要利用"且"逻辑运算表达式 。"且"的意思是只有其两侧的判断结果都同时成立,整个表达式才成立,也就是,dis 的值不仅要大于 20 cm,而且要小于(也可以等于)30 cm 时才成立(dis 在 20～30 cm 之间)。依此类推,后面语句中判断 dis 是否是 10～20 cm 以及 3～10 cm 时也都是这样处理的。

4. C 语言学习

本例遇到了需要判断一个区间值的程序,如判断前方的障碍物距离是否在 20~30 cm 之间。在 C 语言中,判断一个值是否位于区间中,需要使用到"逻辑运算符",包括"与"、"或"和"非"。

"与"用 && 表示,比如想判断一个变量是否在 20~30 之间,则程序如图 2.8.4 所示。

```
if(dis>20&&dis<30){        //判断变量dis的值在20~30之间
    //执行某些程序......
}
```

图 2.8.4　逻辑"与"的使用

逻辑"与"要求 && 两边的表达式都为真,整个表达式才为真。所以只有当 dis 位于 20~30 之间时,这个表达式才是真值。如果想判断一个值可以在小于 20 和大于 30 这个范围内,要怎么做呢? 这就需要用到逻辑"或"。逻辑"或"用 ||(双竖线)表示,当 || 两边的表达式只要有一个为真时,整个表达式就为真,如图 2.8.5 所示。

```
if(dis<20||dis>30){        //判断变量dis的值在小于20,大于30两个范围内
    //执行某些程序......
}
```

图 2.8.5　逻辑"或"的使用

有时会遇到需要对真假值"取反"的操作。"取反"的意思是将真值变为假值,将假值变为真值。比如按键模块默认是高电平(1),按下按键变为低电平(0),而高低电平值是可以直接转化为布尔类型值进行判断的,如图 2.8.6 所示。

```
if(digitalRead(2)){        //判断接在2号管脚的按键模块值
    digitalWrite(13,HIGH);   //执行点亮小灯程序
}else{
    digitalWrite(13,LOW);    //执行熄灭小灯程序
}
```

图 2.8.6　判断按键值点亮小灯

但这个程序是有问题的,因为按键在默认状态下为高电平,所以 digitalRead(2) 的值是 1,转化为布尔类型值就是真值,也就是默认就会点亮小灯。这和我们想要的效果不符,解决办法是将 digitalRead(2) 的值取反,也就是不按按键时数值变为 0,按

下按键数值才为 1。这里仅需在代码前加上逻辑"非"的符号(一个叹号!),如图 2.8.7
所示。

```
if(!digitalRead(2)){          //判断接在2号管脚的按键模块值
  digitalWrite(13,HIGH);   //执行点亮小灯程序
}else{
  digitalWrite(13,LOW);    //执行熄灭小灯程序
}
```

图 2.8.7　使用逻辑"非"的程序

2.9　认识电机

在许多项目中,让物体运动起来是非常重要的需求。比如后面课程要学习的避
障机器人、巡线机器人等都需要有"运动"的能力。而最为关键的运动机构就是电机
了。本节将学习电机的知识,并使用它制作一个可以手动调节转速的电风扇。

1. 基础知识

电机也称为马达,是一种常见的驱动装置,后面统一称为电机。市面上常见的电
机多是这种小型直流电机,内部由磁铁、转子和碳刷等组件组成。将电机的正负极和
电池相连,就能实现电机的正转或者反转。

这个项目中使用的乐高型电机其实在内部也使用了一个小的直流电机。当改变
它与电源连线的正负极时,也将改变它的转向。

另外,这个直流电机上还焊接了一个电容。电容相当于一个电能的缓冲池,当电
机转动时,碳刷和整流子之间会产生火花,进而引发干扰,影响控制板或其他电气设
备的运行,使用电容可以很好地消除这种干扰。

另外,驱动电机转动的电量是由 Arduino 控制板外接的电源决定的。如果电量
过小,即使设置了最大的电机速度值,也可能无法令电机转动起来。我们使用的乐高
型电机的输入电压是 9~12 V,可以使用 USB 数据线给控制板供电,也可以使用乐
高电池盒给控制板供电。

另外,Arduino 控制板两侧分别有两组绿色端子,电机就要接在这两个端子上。
其中,A 端子由 5 号引脚与 7 号引脚控制,B 端子由 6 号引脚和 8 号引脚控制,5 号引
脚和 7 号引脚可以通过 PWM 值控制电机的速度,6 号引脚和 8 号引脚通过高低电
平来控制电机的转向(正传或反转)。

2. 动手做一做

将乐高型电机和电机转接线扣好,如图 2.9.1 所示。

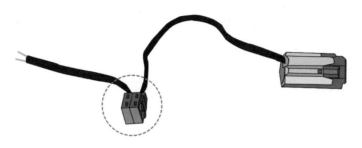

图 2.9.1　连接乐高电机和转接线

将另外一头的两根金属导线插入拓展板绿色端子处(可以先接在 A 端),插入时先用小螺丝改锥拧松螺丝,插入后再拧紧,如图 2.9.2 所示。

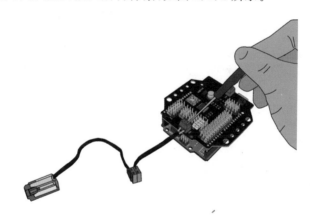

图 2.9.2　将电机连接到拓展板上

最后,把电位器接在 A0 引脚上,如图 2.9.3 所示。

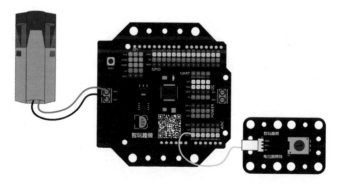

图 2.9.3　接线示意图

电机的转速可以通过 PWM 来控制,当电位器处于低位时(比如电位器值小于10),电机停止转动。如果旋动电位器,则电机的速度随着电位器数值的升高而升高。但电位器的数值变化范围是 0～1 023,而 PWM 的变化范围是 0～255。二者之间需要有一个能够相对应的机制,这就需要用到之前学过的映射了。

用程序流程图表示这个逻辑关系,如图 2.9.4 所示。

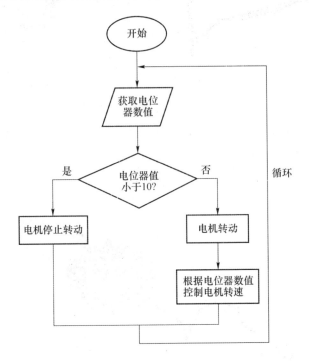

图 2.9.4　程序流程图

根据流程图编写程序,如图 2.9.5 所示。

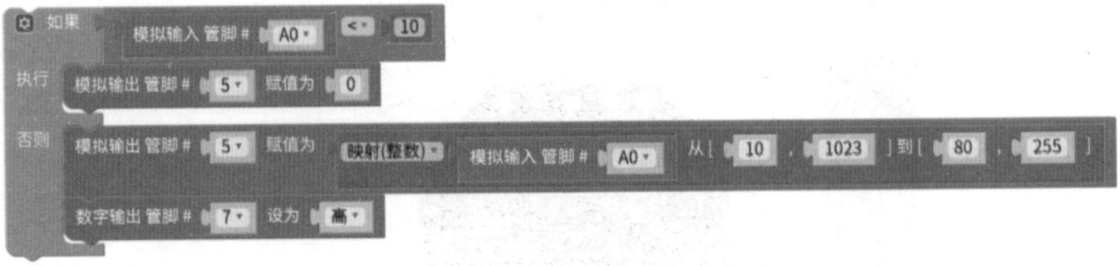

图 2.9.5　程序图例

将程序上传,然后转动电位器,则电机开始转动;随着电位器数值的增加,电机的转速逐渐加快。

3．知识解析

我们使用的 Arduino 拓展板上集成了控制电机转向（正反）及转速的电路。需要将电机接在两个绿色的端子上，称为 A 端和 B 端。在拓展板上，5、6、7、8 号引脚用来控制电机的转速和转向。其中，A 端电机的转速由 5 号引脚控制，5 号引脚是支持 PWM 的，其取值范围是 0～255。如果设置 5 号引脚的模拟输出是 255，则意味着电机获得的电量最大，转速也最快。7 号引脚用来决定电机的转向，通过设置 7 号引脚的高低电平来决定电机的正转和反转。同样的，B 端电机的转速和转向由 6 号引脚和 8 号引脚决定。

在这个程序中，当电位器的数值比较低时（小于 10），则将电机的转速设置为 0，这样电机就停止转动。当电位器旋动后，随着电位器数值的增加，电机的转速也要增加。但电位器和电机的取值范围并不一致，需要使用映射将二者的数值关联起来。因为电位器开始起作用的时候是从 10 以上开始的，所以映射中电位器的范围可以从 10～1 023。电机的速度范围为什么是从 80～255 呢（而不是 0～255）？这是因为驱动电机转动的电压至少要在 5 V 以上，所以 PWM 的取值范围不用从 0 开始，而要给一定的值来驱动电机转动。

最后，因为我们的电机是将导线插入到绿色端子中，导线插入的方向可能不同，也许有的读者在设置 7 号引脚为高电平时电机是正转，但有的读者转向则正好相反。其实这也没关系，具体项目中要根据电机实际的转动情况灵活编程。

4．C 语言讲解

驱动电机的 C 语言代码还是比较容易的，注意，设置 7 号引脚为高电平时需要在 setup 中初始化引脚模式为 OUTPUT，设置 5 号引脚的 PWM 值就不需要在初始化中定义引脚模式了，如图 2.9.6 所示。

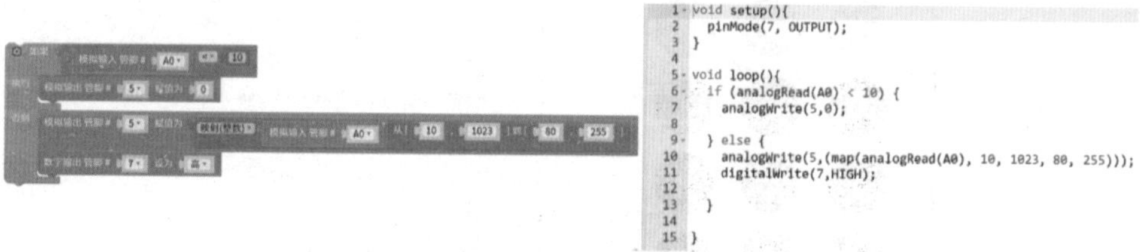

```
1  void setup(){
2      pinMode(7, OUTPUT);
3  }
4
5  void loop(){
6      if (analogRead(A0) < 10) {
7          analogWrite(5,0);
8
9      } else {
10         analogWrite(5,(map(analogRead(A0), 10, 1023, 80, 255)));
11         digitalWrite(7,HIGH);
12
13     }
14
15 }
```

图 2.9.6　程序的 C 语言代码

通过 analogWrite(5,PWM 值)来控制电机的转速，通过 digitalWrite(7,数字值)来控制电机的转向。如果想停止电机，则可以将 5 号引脚的 PWM 值设置为 0，如第

7 行的 analogWrite(5,0)。本例只控制连接 A 端子的电机,如果想控制连接 B 端子的电机,则需要使用 6 号引脚和 7 号引脚了。其中,6 号引脚用于控制电机速度,7 号引脚用于控制电机转向。

2.10　遥控器

日常生活中,家里的电视、音响、空调等设备都可以使用遥控器控制。绝大多数遥控器都使用红外线作为通信媒介的。本节就来介绍红外遥控的知识,制作一个可以遥控点亮的灯光系统,要求通过红外发射器分别控制 3 盏 LED 小灯的亮灭。

1. 基础知识

我们日常生活的周遭物体都会散发程度不一的红外光,为了避免受到这些红外光的干扰,电气设备中的红外遥控接收装置只会对特定频率的信号和通信协议有反应。

一般来讲,每个电器生产商都会为其电子设施指定专属的协议。常用的红外线遥控器协议有 NEC、SIRC、RC-5 和 RC-6。不同品牌的红外线遥控器是无法通用的,但可以通过 Arduino 来读取某个红外线遥控器发出的信号,这些信号可以通过程序转化为一组 16 进制的数据。遥控器的不同按键发出的信号都不相同,可以通过记录这些按键的 16 进制数据来编写相应的程序指令。本书配套器材中红外遥控器按键与 16 进制数据对照,如图 2.10.1 所示。

图 2.10.1　红外发射器按键数值对照

2. 动手做一做

将红外接收模块接在 2 号引脚上,3 盏 LED 小灯分别接 13、12、11 号引脚,如图 2.10.2 所示。

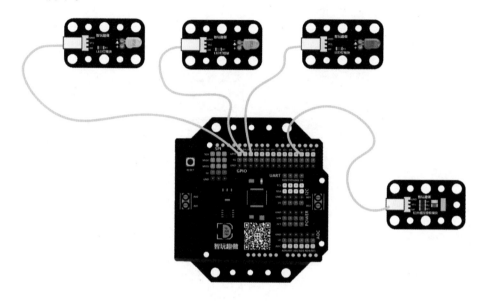

图 2.10.2　元器件接线图

这个项目设计思路并不复杂。红外发射器就像平时使用的电视遥控器一样,上面有许多按键,不同的按键会发射不同的红外信号,可以通过判断红外信号来决定 LED 小灯的亮灭。比如按 1 键时让红色小灯亮起,其他小灯熄灭。按 2、3 键分别点亮绿色小灯和黄色小灯,点亮小灯的同时让其他小灯熄灭即可。按 4 号键将 3 盏小灯全部点亮,按 5 号键熄灭全部小灯。程序流程图如图 2.10.3 所示。

Mixly 中使用红外线还是比较容易的,单击“通信”模块组→“红外通信”,拖出红外接收程序模块,如图 2.10.4 所示。

其中,ir_item 是一个变量,当使用遥控器发出红外信号时,这个信号会被红外接收模块捕捉到,信号值会被装载在 ir_item 变量中。当然,这个变量其实是可以任意设置的,比如将这个变量改为 xinhao,然后就可以从模块组中的“变量”栏中看到这个变量模块了,将这个变量替换掉原来的 ir_item 变量,如图 2.10.5 所示。

红外接收程序分为“有信号”和“无信号”两个分支,也就是当遥控器发出红外信号后,程序会执行“有信号”中的指令。大部分程序指令都放在“有信号”中。程序中默认设置了串口打印程序,用于在串口监视器中输出红外信号的数值,这个数值用 16 进制表示。如遥控器中按键 1 的 16 进制值为 0xFF30CF,按键 2 为 0xFF18E7。

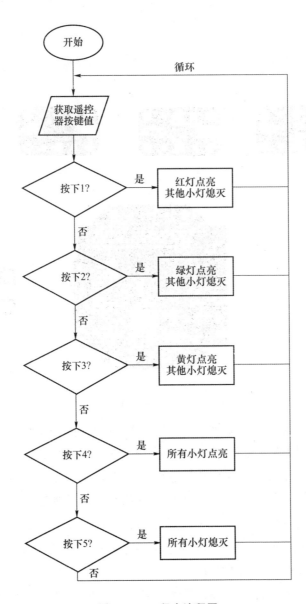

图 2.10.3　程序流程图

如果读者使用的红外遥控器和课程中的不一样,这个值也会发生变化,读者需要打开串口监视器,查看按键对应的数值。理论上,任何红外遥控器的按键值都可以获取到。但要注意,有的家电的红外遥控器是经过加密协议的,每次获取的值可能都不一样,这样的值我们就没办法使用了。

程序中通过 switch…case…结构判断按键的数值。从"控制"模块组中拖出 switch 模块,单击 switch 模块上的小齿轮图标,在弹出的窗口中拖拽 case 指令到

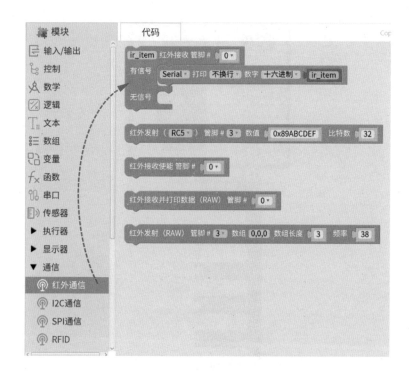

图 2.10.4　红外接收程序模块

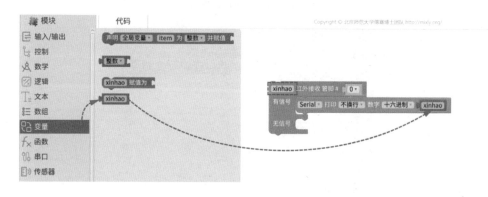

图 2.10.5　修改红外接收模块的变量

switch 中。每一个 case 对应一个按键的判断，一共需要 5 个 case（需要判断 1～5 键）。default 指令用于处理默认情况，也就是如果按下的按键和所有的 case 都没匹配上，则执行 default 中的程序。在这个例子中不需要 default 指令。组合好的程序如图 2.10.6 所示。

　　将 switch 拖进红外线接收程序中，并设置好要匹配的按键数值，如图 2.10.7 所示。

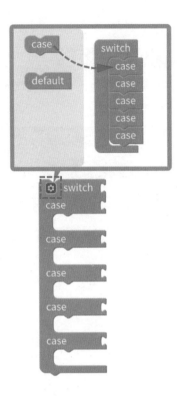

图 2.10.6　使用 switch 模块

图 2.10.7　在 case 中匹配按键的 16 进制数据

最后,将红外接收引脚改成 2 号引脚(或者读者所接的引脚号),在各个 case 中加入开关小灯的程序,如图 2.10.8 所示。

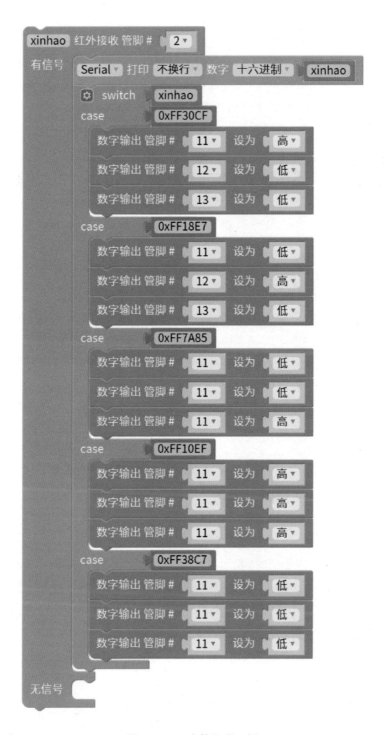

图 2.10.8　完整程序示例

3. 知识解析

红外线的应用在日常生活中比较常见，比如控制电视、空调的遥控器就是利用红外线实现的。红外线，顾名思义，是红光以外的光线，它是一种波长在 1 ms～760 nm 之间的不可见光。其实，我们身边的自然环境都不同程度地散发着红外线，为了不受这些红外线的影响，大部分的红外线遥控收发器都只对特定频率的信号有反应。

使用红外线收发装置的时候要注意以下几点：

① 红外线发射器（遥控器）的发射头要对准接收装置（红外线接收模块）的接收头，如果没有对准，则红外线信号是不能被准确捕捉的。

② 使用时身边尽量避免有其他人使用同样的设备，彼此的红外信号会发生干扰。

③ 要考虑外界环境光。如果在一个光照充足的地方使用红外线，则很可能发生接收不灵敏的现象，这是因为红外线被自然光干扰，无法准确接收。

正因为红外线有收发角度的要求，而且易于受干扰并不稳定，所以在一些需要多角度、长距离、稳定控制的应用场景中并不会使用红外线。而是用另外一种遥控的方法——蓝牙。但红外线还是有一些独特优势的，比如价格低廉、适配容易、功耗较低等。在一些应用频次、距离以及精度要求不高的场景中，红外线遥控还是比较常见的。

4. C 语言讲解

如果想使用 C 语言来开发本例要怎么写呢？打开 Arduino IDE，在第一行写上 ♯include ＜IRremote.h＞。其中，include 指令用于调用外部库文件。使用 C 语言开发项目时，有许多程序比较复杂，但已经由有经验的开发者预先编写好了库文件，想使用相关程序时，只要调用这个库文件就可以了。比如红外线的库文件叫 IRremote，编译或者上传程序时，编译器自动调用这个库文件，如图 2.10.9 所示。

如果 IDE 没有显示这些信息，则须先在"文件→首选项"中的"显示详细输出"中选中"编译"，如图 2.10.10 所示。

如果 IDE 没有找到 IRremote，则可能是开发环境缺少相关文件。于是可以在网上搜索下载一份 IRremote 的库文件，放在相应的文件夹路径中，如图 2.10.11 所示。

如果一切顺利，就可以继续后面的工作了。在 include 程序下面创建两个对象，如图 2.10.12 所示。

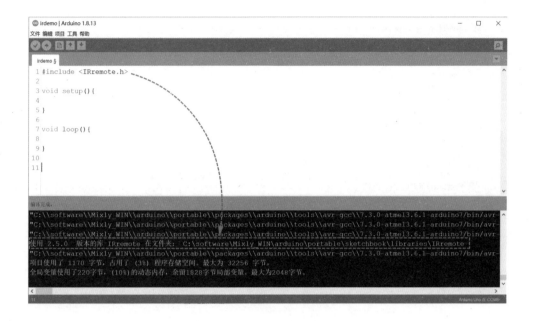

图 2.10.9　IRremote 库文件所在位置

图 2.10.10　编译时显示详细输出

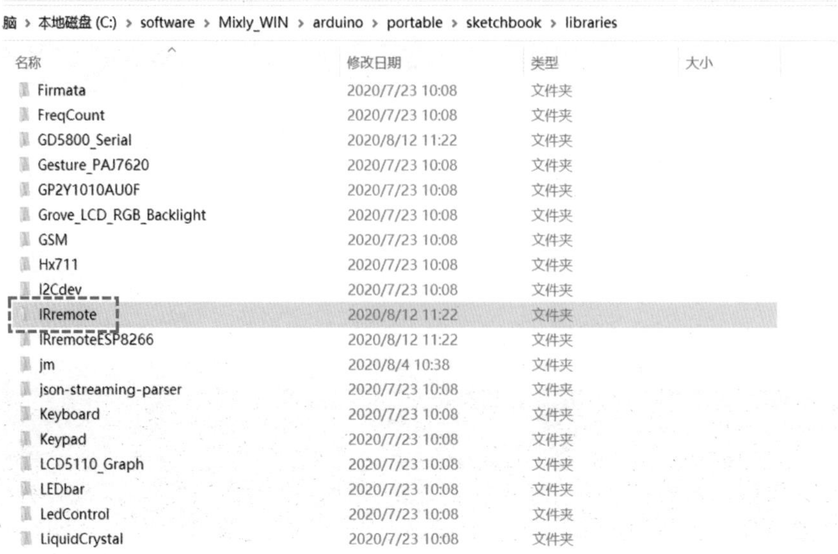

脑 › 本地磁盘 (C:) › software › Mixly_WIN › arduino › portable › sketchbook › libraries

名称	修改日期	类型	大小
Firmata	2020/7/23 10:08	文件夹	
FreqCount	2020/7/23 10:08	文件夹	
GD5800_Serial	2020/8/12 11:22	文件夹	
Gesture_PAJ7620	2020/7/23 10:08	文件夹	
GP2Y1010AU0F	2020/7/23 10:08	文件夹	
Grove_LCD_RGB_Backlight	2020/7/23 10:08	文件夹	
GSM	2020/7/23 10:08	文件夹	
Hx711	2020/7/23 10:08	文件夹	
I2Cdev	2020/7/23 10:08	文件夹	
IRremote	2020/8/12 11:22	文件夹	
IRremoteESP8266	2020/8/12 11:22	文件夹	
jm	2020/8/4 10:38	文件夹	
json-streaming-parser	2020/7/23 10:08	文件夹	
Keyboard	2020/7/23 10:08	文件夹	
Keypad	2020/7/23 10:08	文件夹	
LCD5110_Graph	2020/7/23 10:08	文件夹	
LEDbar	2020/7/23 10:08	文件夹	
LedControl	2020/7/23 10:08	文件夹	
LiquidCrystal	2020/7/23 10:08	文件夹	

图 2.10.11 IRremote 库文件

其中，IRrecv irrecv(2)中要传入红外线模块所接的引脚号，比如 2 号引脚，它的功能是用于调用各项红外线程序指令。decode_results results 用于接收红外线数据。irrecv 和 results 是对象名，就像变量名一样是可以自定义名称的。

在 setup 中，要初始化串口监视器和红外线对象程序，如图 2.10.13 所示。

```
1 #include <IRremote.h>
2 IRrecv irrecv(2);
3 decode_results results;
4
```

```
5 void setup(){
6   Serial.begin(9600);
7   irrecv.enableIRIn();
8 }
```

图 2.10.12 声明红外线对象　　　　**图 2.10.13 setup 中初始化程序**

在 loop 中通过判断红外线是否有信号来执行相应的程序。主要判断条件是 irrecv.decode(&results)，如果有信号，则这个表达式将为真值，并将红外信号的数据交给 results(要在 results 前加 &)，如图 2.10.14 所示。

最后，将获取到的红外线信号通过一个长整型变量来保存并打印出来。当数据使用完后，我们还需要通过 irrecv.resume()来释放红外线程序占用的内存空间和资源，如图 2.10.15 所示。

```
10 void loop(){
11   if (irrecv.decode(&results)) {
12     //如果有红外线信号运行此处程序
13
14   } else {
15     //如果没有红外线信号运行此处程序
16   }
17 }
```

```
10 void loop(){
11   if (irrecv.decode(&results)) {
12     //如果有红外线信号运行此处程序
13     long ir=results.value;
14     Serial.println(ir,HEX);
15     irrecv.resume();
16   } else {
17     //如果没有红外线信号运行此处程序
18   }
19 }
```

图 2.10.14　loop 中判断是否有红外线信号　　**图 2.10.15　处理红外线信号数据**

　　上传完程序,打开串口监视器,然后用红外线遥控器向接收模块发送信号时,串口监视器应该就能看到一组 16 进制的数据了。完整的程序如图 2.10.16 所示。

```
1 #include <IRremote.h>
2 IRrecv irrecv(2);
3 decode_results results;
4
5 void setup(){
6   Serial.begin(9600);
7   irrecv.enableIRIn();
8 }
9
10 void loop(){
11   if (irrecv.decode(&results)) {
12     //如果有红外线信号运行此处程序
13     long ir=results.value;
14     Serial.println(ir,HEX);
15     irrecv.resume();
16   } else {
17     //如果没有红外线信号运行此处程序
18   }
19 }
```

图 2.10.16　完整程序示例

第3章 Arduino 机器人开发

3.1 驱动机器人

本节制作一个通用型机器人平台,使用自定义函数的方法控制电机的运动,并能通过电位器控制电机的速度。

1. 动手做一做

搭建机器人平台,如图 3.1.1 所示,可以在配套公众号中发送"arduino"来获取搭建图纸。

图 3.1.1　通用机器人平台

拓展板上的两个绿色端子用于控制电机,其中,A 端子与 5、7 号引脚相连,5 号引脚支持 PWM 调速,可以通过修改 5 号引脚的模拟输出来控制电机的转速。而电机的转向则可以通过修改 7 号引脚的高电平或者低电平来实现。同样的,B 端子与 6、8 号引脚相连。其中,6 号引脚用于调速,8 号引脚用于转换电机方向。

若想让小车前进,则需要两个电机都向前转。若想让小车左转,则可以让左侧的电机转慢一点,甚至不转或者反转,右侧电机转快一点。同理,想让小车右转,则右侧的电机就要转慢一点。这种现象叫差动现象。

另外,通过 5、6 引脚的 PWM 来调节小车的速度,其取值范围是从 0～255。这个项目想通过旋动电位器实现调速效果,而电位器的取值范围是 0～1 023,这就需要将电位器的取值范围和 PWM 的取值范围做一个映射,使它们的值能对应起来。

用程序流程图表示这个逻辑关系,如图 3.1.2 所示。根据流程图编写程序如图 3.1.3 所示。

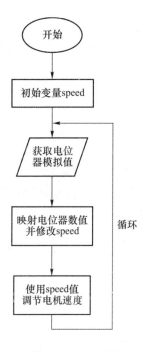

图 3.1.2　流程图

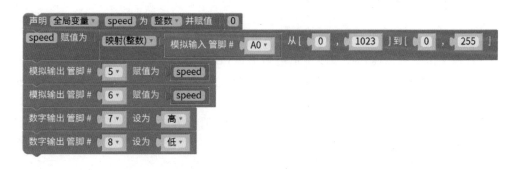

图 3.1.3　程序图例

这个程序比较简单,一开始先设置了一个变量 speed 用于储存速度,而速度是通过映射的方法将电位器的数值(0~1 023)对应成 PWM 的值(0~255)。这样 5、6 号引脚就可以使用这个 PWM 值进行调速了。

7、8 号引脚的高低电平用于决定两个电机的转向,因为安装小车时连接电机的导线不区分正负,所以接线可能各不相同,驱动电机前转的电平高低值可能也不同,这就要读者自己实验找到正确的值。

写好程序后上传,然后旋动电位器,小车的车轮就开始转动了。

以上程序中决定小车方向的指令只有两行,如图 3.1.4 所示。

图 3.1.4 控制电机转向的程序

可以将这两行代码放在一个自定义函数中,比如设置一个自定义函数 forward。程序主体调用这个自定义函数就可以了,如图 3.1.5 所示。

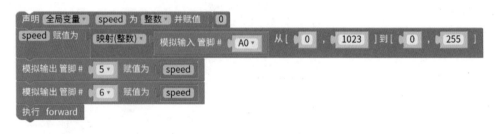

图 3.1.5 使用自定义函数

自定义函数可以使程序指令更加清晰易懂,在编写复杂的程序时帮助读者梳理程序逻辑。可以将前进、后退、左转、右转、停止都编写成自定义函数,如图 3.1.6 所示。

其中,"停止"的部分只要将 5、6 引脚的 PWM 值设为 0 就可以了。

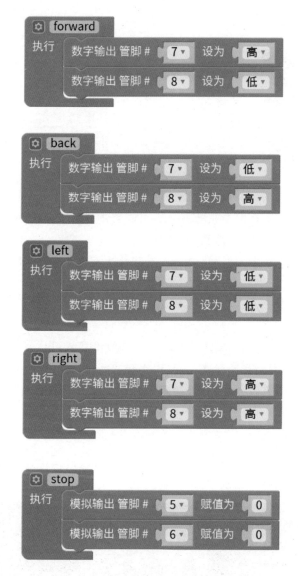

图 3.1.6　自定义函数控制机器人移动

2. C 语言讲解

打开如图 3.1.7 所示的 C 语言代码。

程序一开始声明了一个整型变量 speed，用来决定电机的转速，这段指令中 volatile 表示可改变的，是可以省略的。speed 的值在 setup 中被初始化为 0（第 9 行），在 loop 中程序将持续监听电位器的映射值，然后修改 5、6 号引脚的模拟输出量（15～17 行），这样电机的速度就可以通过电位器来改变了。

```
1  volatile int speed;
2
3  void forward() {
4    digitalWrite(7,HIGH);
5    digitalWrite(8,LOW);
6  }
7
8  void setup(){
9    speed = 0;
10   pinMode(7, OUTPUT);
11   pinMode(8, OUTPUT);
12  }
13
14  void loop(){
15   speed = (map(analogRead(A0), 0, 1023, 0, 255));
16   analogWrite(5,speed);
17   analogWrite(6,speed);
18   forward();
19
20  }
```

图 3.1.7　驱动小车的 C 语言代码

第 3 行创建了一个自定义函数 forward，它不需要有返回值，所以使用 void 关键字修饰（void 表示该自定义函数是无返回值的）。这个函数通过修改 7 号和 8 号引脚的高低电平值来决定小车的转向。forward 函数将在第 18 行处调用。

3.2　避障机器人

从这节开始介绍制作自律型机器人。自律型机器人可以理解为通过编程等方法，使机器人将感知和动作连接在一起，以实现智能化运动。比如这里制作的避障机器人可以实现感知前方障碍物，并规避障碍物的效果。之后还将学习跟随机器人和巡线机器人。

1. 动手做一做

将两个避障传感器安在机器人前部，稍微分开一点，形成 V 字状。两个避障传感器分别接在 2 号和 3 号引脚上，电位器接在 A0 引脚上，如图 3.2.1 所示。

图 3.2.1　避障机器人搭建参考图

用电位器控制机器人行进的速度,如果将电位器拨到最低端,则机器人停止移动。

两个避障传感器用于检测前方障碍物,如果左侧的避障传感器检测到障碍物,则机器人向右转。同样,如果右侧的避障传感器检测的障碍物,则机器人向左转。如果两个传感器都检测到障碍物,则机器人先向后退一段距离再左转。

传感器不断地探测前方障碍物,所以如果没有离开障碍物,则机器人的转动是持续进行的;直到离开了障碍物,机器人才能继续前进。

用程序流程图表示这个逻辑关系,如图 3.2.2 所示。

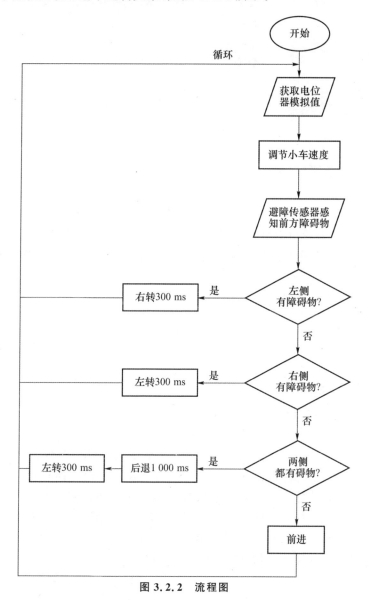

图 3.2.2　流程图

根据流程图编写程序,如图 3.2.3 所示。

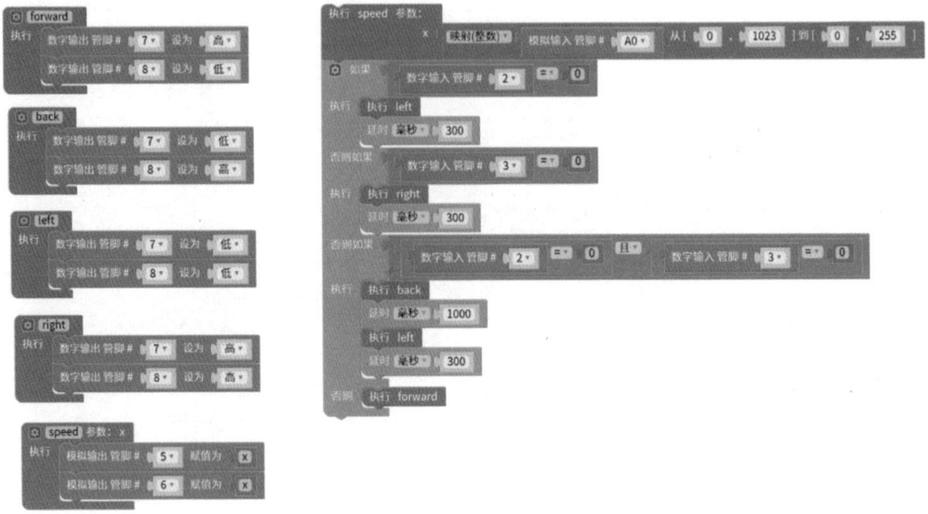

图 3.2.3 避障小车程序图例

这里使用之前课程中编写好的自定义函数来控制机器人的方向以及速度。在程序主体中,首先通过 speed 函数控制机器人的速度,这个函数需要传递一个参数,以便通过 PWM 来调节速度,所以参数的取值范围是 $0\sim255$。电位器的取值范围是 $0\sim1\,023$,所以需要通过映射来处理电位器的值。

之后通过选择结构来处理不同情况下的程序指令。当机器人右侧的避障传感器感知障碍物的时候,2 号引脚的值会从 1 变为 0。所以需要判断 2 号引脚的值是否为 0,如果为 0,则需要机器人向左转向。同理,如果左侧的避障传感器探测到障碍物,则 3 号引脚的数字值会从 1 变为 0,机器人就应该向右转。如果两个传感器同时为 0,说明前方的障碍物比较复杂,机器人就要先后退 1 s 再转向。如此反复,直到离开障碍物。

2. C 语言讲解

这个项目的 C 语言程序如图 3.2.4 所示。

程序中设定了几个用于控制小车行进的自定义函数,比如 forward()、back()、left()、right() 和 carSpeed(int x) 分别控制小车的前进、后退、左转、右转和速度。在 setup 函数中初始化引脚模式,其中,7、8 号引脚要设置为输出模式,2、3 引脚连接了避障传感器要设置成输入模式。loop 函数中通过多项条件分支结构分别判断小车前方障碍物的情况。如果左侧有障碍物,则小车要向右转向;右侧有障碍物,则小车要向左转向。如果两侧都有障碍物,则小车要后退一段距离再左转一下。如果两侧避障传感器都没感知到障碍物,则小车执行前进指令。

```
 1 void setup() {
 2   //7、8管脚用于控制马达转向，管脚模式为输出
 3   pinMode(7, OUTPUT);
 4   pinMode(8, OUTPUT);
 5   //2、3管脚接避障传感器感知障碍物，管脚模式为输入
 6   pinMode(2, INPUT);
 7   pinMode(3, INPUT);
 8
 9 }
10
11 void loop() {
12   carSpeed(map(analogRead(A0), 0, 1023, 0, 255));              //调用自定义函数carSpeed设置小车速度
13   if (digitalRead(2) == 0) {                                   //如果右侧的避障传感器感知障碍物
14     left();                                                    //小车左转
15     delay(300);                                                //左转持续时间300毫秒
16   } else if (digitalRead(3) == 0) {                            //如果左侧的避障传感器感知障碍物
17     right();                                                   //小车右转
18     delay(300);                                                //右转持续时间300毫秒
19   } else if (digitalRead(2) == 0 && digitalRead(3) == 0) {     //如果左右都感知障碍物
20     back();                                                    //小车后退
21     delay(1000);                                               //后退1000毫秒
22     left();                                                    //小车左转
23     delay(300);                                                //左转持续时间300毫秒
24   } else {                                                     //如果以上条件都不符合（没有感知障碍物）
25     forward();                                                 //小车前进
26   }
27
28 }
29 //前进
30 void forward() {
31   digitalWrite(7,HIGH);
32   digitalWrite(8,LOW);
33 }
34 //后退
35 void back() {
36   digitalWrite(7,LOW);
37   digitalWrite(8,HIGH);
38 }
39 //左转
40 void left() {
41   digitalWrite(7,LOW);
42   digitalWrite(8,LOW);
43 }
44 //右转
45 void right() {
46   digitalWrite(7,HIGH);
47   digitalWrite(8,HIGH);
48 }
49 //设定速度
50 void carSpeed(int x) {
51   analogWrite(5,x);
52   analogWrite(6,x);
53 }
```

图 3.2.4 避障小车项目 C 语言程序

3.3 跟随机器人

本节制作一个跟随机器人,通过超声波传感器感知前方物体的距离,能跟随前方的物体前进或者后退。具体要求如下:

➤ 机器人可以通过电位器调速;

- 机器人可以通过超声波传感器探测前往物体距离；
- 当物体距离机器人在 5～30 cm 之间时启动跟随功能；
- 机器人跟随前方物体前进或者后退。

1. 动手做一做

电位器接在 A0 引脚上，超声波传感器的 Trig 口接 11 号引脚，Echo 口接 12 号引脚，如图 3.3.1 所示。

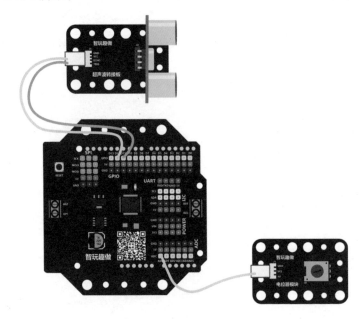

图 3.3.1　元器件接线图

将元器件安装到机器人小车上，如图 3.3.2 所示。

图 3.3.2　跟随机器人搭建参考图

这个项目将机器人小车的检测范围设定在 5～30 cm 之间（包括 5 cm、30 cm）。超出这段范围则机器人就要停止。

在这段范围中，如果前方障碍物向前移动，与小车的距离超过 16 cm，小车就要向前移动。如果障碍物向后移动，与小车的距离小于 15 cm，小车就应该向后移动。如果障碍物处于 15～16 cm 之间，小车可以停止。

用程序流程图表示这个逻辑关系，如图 3.3.3 所示。

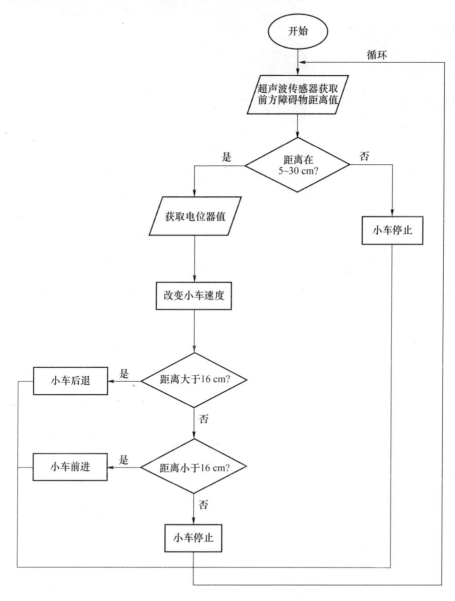

图 3.3.3　程序流程图

109

Arduino 开源硬件设计及编程

根据流程图编写程序如图 3.3.4 所示。程序一开始设置一个整型变量 dis,用于接收超声波传感器的数值。之后,超声波传感器检测的障碍物距离值会持续交由变量 dis 保存,我们需要判断 dis 的值来决定机器人的运动状态。

图 3.3.4　跟随机器人程序图例

如果 dis 的值在 5～30 cm 之间,则需要机器人移动;否则,机器人停止。移动前先要设置机器人的速度,通过映射的方法将电位器的值对应成 PWM 值。然后继续判断障碍物距离,如果大于 16 cm,则机器人前进。如果小于 15 cm,则机器人后退;否则,机器人停止运动。

2. C 语言讲解

本例 C 语言编程比较容易,只要控制好小车的前进、后退和停止即可,如图 3.3.5 所示。

```
1 int dis=0;                    //距离变量
2 void setup(){
3   //7、8管脚控制马达转向，设置管脚模式为输出
4   pinMode(7, OUTPUT);
5   pinMode(8, OUTPUT);
6
7   pinMode(11, OUTPUT);    //11号管脚接trig
8   pinMode(12, INPUT);     //12号管脚接echo
9 }
10
11 void loop(){
12   dis = checkdistance();           //调用自定义函数获取距离值
13   if (dis >= 5 && dis <= 30) {     //如果距离在5-30厘米之间
14     carSpeed(map(analogRead(A0), 0, 1023, 0, 255)); //使用自定义函数设置马达速度
15     if (dis > 16) {                //嵌套判断条件，如果距离大于16厘米
16       forward();                   //小车前进
17     } else if (dis < 15) {         //否则如果距离小于15厘米
18       back();                      //小车后退
19     } else {                       //否则（也就是小车位于15-16厘米之间）
20       carSpeed(0);                 //停止
21     }
22   } else {                         //外层判断，否则（也就是不在5-30厘米之间）
23     carSpeed(0);                   //停止
24   }
25 }
26 //前进
27 void forward() {
28   digitalWrite(7,HIGH);
29   digitalWrite(8,LOW);
30 }
31 //获取超声波传感器的距离值
32 float checkdistance() {
33   digitalWrite(11, LOW);
34   delayMicroseconds(2);
35   digitalWrite(11, HIGH);
36   delayMicroseconds(10);
37   digitalWrite(11, LOW);
38   float distance = pulseIn(12, HIGH) / 58.00;
39   delay(10);
40   return distance;
41 }
42 //后退
43 void back() {
44   digitalWrite(7,LOW);
45   digitalWrite(8,HIGH);
46 }
47 //设置速度
48 void carSpeed(int x) {
49   analogWrite(5,x);
50   analogWrite(6,x);
51 }
```

图 3.3.5　跟随机器人的 C 语言程序图例

3.4　寻迹机器人

本节制作一个寻迹机器人,使其可以沿着黑色轨迹移动。

1. 动手做一做

寻迹模块需要四色杜邦线,但其实只需要用到标识 D0 的接脚,如图 3.4.1 所示。

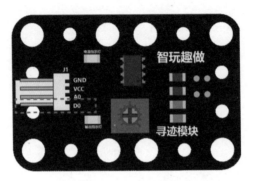

图 3.4.1　寻迹模块

安装寻迹模块的时候,感应器探头尽量靠近地面,相距不要太远;将左侧寻迹模块的蓝色线接 13 号引脚,右侧寻迹模块接 2 号引脚,如图 3.4.2 所示。

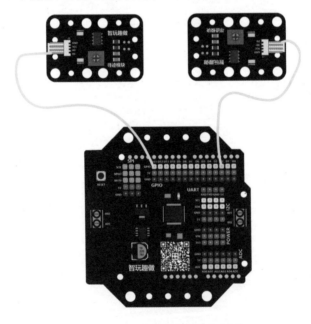

图 3.4.2　寻迹模块接线示意图

通电后两个寻迹模块的板载小灯会在浅色区域亮起,深色区域(最好是黑色)熄灭。调节板载电位器,使两个寻迹模块在相同高度下对深浅区的反应一致,如图 3.4.3 所示。

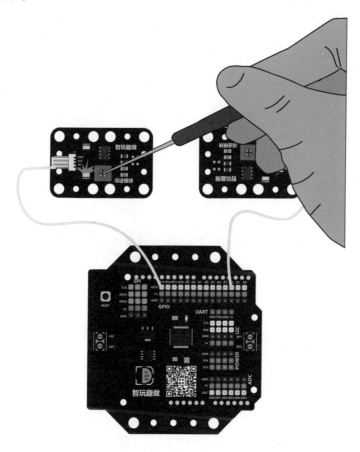

图 3.4.3　调试寻迹模块

我们一般使用的黑色轨迹宽度大概 2 cm,正好处于左右两个寻迹模块之间。当机器人尚未进入黑色轨迹时,两个寻迹模块获取的浅色区域的数字值都是 0,我们让机器人向前行驶。当机器人进入黑线时,如果偏向黑线的右侧,则左侧的寻迹模块可能位于黑线上(值为 1),右侧的寻迹模块可能位于浅色区域上(值为 0),这时候就要让机器人向左转。反之,如果机器人偏向黑线的左侧,左边的寻迹模块就位于浅色区域(值为 0),右侧的寻迹模块就位于黑线上(值为 1),这时候机器人就应该向右偏转。如果两个寻迹模块都位于黑色线上,则应该让机器人停止。如此,我们通过判断左右两个寻迹模块的值来决定机器人前进方向的,使机器人一直保持在黑线上。

用程序流程图表示这个逻辑关系,如图 3.4.4 所示。

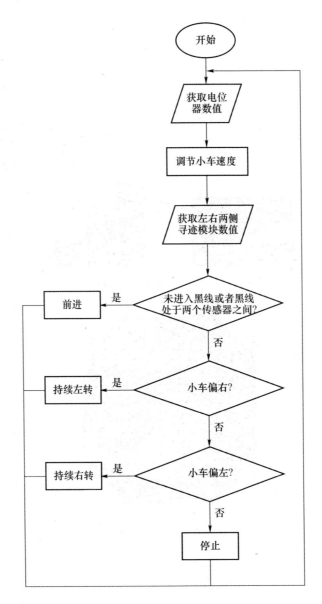

图 3.4.4　程序流程图

　　根据流程图编写程序如图 3.4.5 所示。

　　这个程序中设置了两个变量，leftFinder 用于保存左侧寻迹传感器的值，rightFinder 用于保存右侧寻迹传感器的值。当这两个值都为 0 的时候，表示机器人位于浅色区域或者黑线夹在两个传感器之间，机器人需要向前行驶。否则，如果左侧传感器为 1，右侧为 0，表示机器人右侧已经驶离黑线，应该向左偏转了，如图 3.4.6 所示。

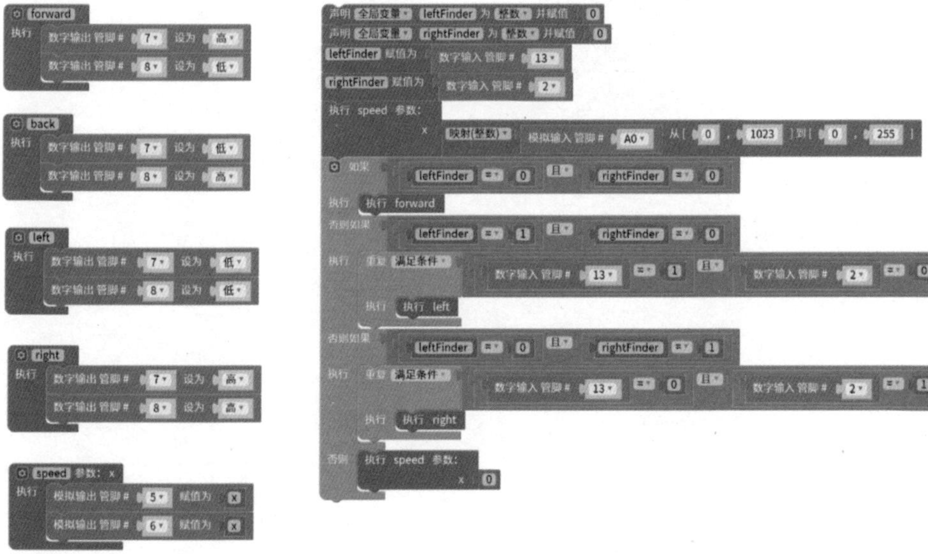

图 3.4.5　程序示意图

图 3.4.6　控制机器人向左偏转

　　此处程序使用了一个小技巧，就是通过循环结构持续判断机器人是否偏左，如果偏左就不断地右转。循环结构中没有使用 leftFinder 和 rightFinder，因为这两个变量此时已经是固定值，并不会发生变化了。我们直接使用"数字输入 13 引脚"和"数字输入 2 引脚"获取即时的传感器数值。

　　如果此时机器人的头部偏向左，而右侧传感器还压在黑线上，则数值为 1；若右侧传感器压在浅色区域，数值为 0，则需要向右转，程序如图 3.4.7 所示。

图 3.4.7　控制机器人向右偏转

　　如果以上条件都不符合，则说明两个传感器都位于黑线上，机器人需要停止，如图 3.4.8 所示。

图 3.4.8　两个传感器都处于黑线上则停止

2. C 语言讲解

本例中 C 语言编程要注意 while 语句的使用,如图 3.4.9 所示。

```
1 int leftFinder=0;  //左侧寻迹模块
2 int rightFinder=0;  //右侧寻迹模块
3 void setup(){
4    //设置7、8管脚模式为输出
5    pinMode(7, OUTPUT);
6    pinMode(8, OUTPUT);
7    //接在13,2号管脚的寻迹模块为输入模式
8    pinMode(13, INPUT);
9    pinMode(2, INPUT);
10 }
11
12 void loop(){
13    //获取左右寻迹模块数值
14    leftFinder = digitalRead(13);
15    rightFinder = digitalRead(2);
16    //设置小车速度
17    carSpeed(map(analogRead(A0), 0, 1023, 0, 255));
18    //如果两个寻迹模块都没监测到黑线则前进
19    if (leftFinder == 0 && rightFinder == 0) {
20       forward();
21    //否则如果右侧寻迹模块监测到黑线,小车要持续向左转
22    } else if (leftFinder == 1 && rightFinder == 0) {
23       //通过持续监测两个传感器数值实现持续左转
24       while (digitalRead(13) == 1 && digitalRead(2) == 0) {
25          left();
26       }
27    //否则如果左侧寻迹模块监测到黑线,小车要持续向右转
28    } else if (leftFinder == 0 && rightFinder == 1) {
29       //通过持续监测两个传感器数值实现持续右转
30       while (digitalRead(13) == 0 && digitalRead(2) == 1) {
31          right();
32       }
33    //如果不满足以上条件说明两个寻迹模块都处于黑线上
34    } else {
35       carSpeed(0);
36    }
37 }
38 //前进
39 void forward() {
40    digitalWrite(7,HIGH);
41    digitalWrite(8,LOW);
42 }
43 //后退
44 void back() {
45    digitalWrite(7,LOW);
46    digitalWrite(8,HIGH);
47 }
48 //左转
49 void left() {
50    digitalWrite(7,LOW);
51    digitalWrite(8,LOW);
52 }
53 //右转
54 void right() {
55    digitalWrite(7,HIGH);
56    digitalWrite(8,HIGH);
57 }
58 //设置小车速度
59 void carSpeed(int x) {
60    analogWrite(5,x);
61    analogWrite(6,x);
62 }
```

图 3.4.9　寻迹小车项目 C 语言编程示例

参考文献

［1］ 詹姆斯 A. 兰布里奇(James A. Langbridge). Arduino 编程：实现梦想的工具和技术[M]. 黄峰达，王小兵，陈福，译. 北京：机械工业出版社，2017.

［2］ Jack Purdum. Arduino C 语言编程实战[M]. 麦秆创智，译. 北京：人民邮电出版社，2000.

［3］ Dale Wheat. Arduino 技术内幕[M]. 翁恺，译. 北京：人民邮电出版社，2000.

［4］ John-David Warren，Josh Adams，Harald Molle. Arduino 机器人权威指南[M]. 于欣龙，译. 北京：电子工业出版社，2014.